深度学习算法及其在
网络空间安全中的应用

龙海侠　付海艳　刘亮松　汪浩俊　著

科学出版社

北　京

内 容 简 介

本书主要研究深度学习模型及其在网络空间安全领域中的应用,包括入侵检测和恶意代码分类。基于 PyTorch 第三方工具,提供了深度学习模型的多层感知机、卷积神经网络、循环神经网络,以及入侵检测模型、恶意代码检测模型核心代码的 Python 实现。

本书可供人工智能、网络空间安全、大数据等专业的研究生作为教材或者参考书使用,也可供从事网络空间安全相关专业的工程技术人员阅读参考。

图书在版编目(CIP)数据

深度学习算法及其在网络空间安全中的应用/龙海侠等著. —北京:科学出版社,2022.1

ISBN 978-7-03-071273-8

Ⅰ. ①深… Ⅱ. ①龙… Ⅲ. ①机器学习-算法-应用-计算机网络-网络安全 Ⅳ. ①TP393.08

中国版本图书馆 CIP 数据核字(2022)第 007644 号

责任编辑:赵丽欣 / 责任校对:马英菊
责任印制:吕春珉 / 封面设计:耕者设计

*科学出版社*出版

北京东黄城根北街 16 号
邮政编码:100717
http://www.sciencep.com

北京中科印刷有限公司 印刷

科学出版社发行 各地新华书店经销

*

2022 年 1 月第 一 版 开本:787×1092 1/16
2023 年 3 月第二次印刷 印张:8 1/2
字数:201 000

定价:105.00 元

(如有印装质量问题,我社负责调换〈中科〉)

销售部电话 010-62136230 编辑部电话 010-62135793-8220

前　言

机器学习属于多领域交叉学科，涉及概率论、统计学、逼近论、凸分析、算法复杂度理论等多门学科。机器学习专门研究计算机怎样模拟或实现人类的学习行为，以获取新的知识或技能，重新组织已有的知识结构并不断改善自身的性能。深度学习是机器学习领域中一个新的研究方向，它被引入机器学习，使其更接近于最初的目标——人工智能。常见的深度学习算法包括受限玻尔兹曼机、深度置信网络、卷积神经网络、堆栈式自动编码器和循环神经网络。深度学习在计算机视觉和语音识别中取得的效果证实了其能够提高对大数据识别的精度。

随着互联网的普及和发展，网络安全成为人们日趋关注的问题。基于网络的入侵越来越多，网络计算机系统成为黑客的入侵对象，网络系统的安全面临巨大的威胁，入侵检测技术也因此成为网络安全领域的热点话题。传统入侵检测技术的识别率主要取决于人工手动设置的规则，而在大数据时代，这种基于手动制定过滤规则的入侵检测过于依赖高水平的安全人员。目前学术界与工业界都在积极探索如何利用人工智能技术提升入侵检测对于恶意流量的识别率。恶意代码也已经成为网络安全中的主要威胁之一，它是在未被授权的情况下，以破坏软硬件设备、窃取用户信息、扰乱用户心理、干扰正常用户使用为目的而编制的软件或代码片段。近年来，恶意代码的广泛传播和日益泛滥，给网络系统的发展带来不利影响。研究高效可行的恶意代码检测技术，准确地发现程序中的恶意行为是系统安全研究的热点问题。

本书主要研究如何基于深度学习算法解决网络空间安全问题。第 1 章简要介绍一些常见的机器学习算法，第 2 章介绍深度学习算法中的优化技术，第 3 章介绍几种深度学习模型的 PyTorch 实现，第 4 章介绍深度学习算法在入侵检测中的应用，第 5 章介绍深度学习算法在恶意代码检测中的应用。

本书由龙海侠教授、付海艳教授和研究生刘亮松、汪浩俊共同完成。龙海侠和付海艳的研究方向为人工智能领域，涉及数据挖掘和机器学习。刘亮松和汪浩俊为网络空间安全学科的在读研究生，研究领域为入侵检测、态势感知和恶意代码分析。

本书的出版得到海南省创新研究团队项目（2019CXTD405）、海南省自然科学基金项目（618MS056）、国家自然科学基金项目（61762034）、海南省自然科学基金项目（618MS057）和海南师范大学学术著作出版项目的资助。

作　者

2021 年 5 月

于海口

目　　录

第1章　机器学习算法简介

机器学习（machine learning，ML）属于多领域交叉学科，涉及概率论、统计学、逼近论、凸分析、算法复杂度理论等多门学科。机器学习专门研究计算机如何通过模拟或实现人类的学习行为，以获取新的知识或技能，重新组织已有的知识结构使之不断改善自身的性能。机器学习是人工智能技术的核心。

根据学习方式不同，机器学习可以分为监督学习、无监督学习、半监督学习和强化学习。

监督学习可用于一个特定的数据集（训练集）具有某一属性（标签），但是其他数据没有标签或者需要预测标签的情况。监督学习常用于解决的问题有分类和回归，常用算法包括逻辑回归、决策树、支持向量机和 BP（back propagation）神经网络。

无监督学习可用于给定的没有标签的数据集（数据不是预分配好的），目的就是要找出数据间的潜在关系。常用于解决的问题有聚类（clustering）、降维和关联规则的学习。常用的聚类算法包括 K 均值聚类（K-means clustering algorithm）算法、层次聚类算法和自组织图聚类算法。

半监督学习的输入数据包含带标签和不带标签的样本。半监督学习的情形是，有一个预期中的预测，但模型必须通过学习结构整理数据从而做出预测。常用于解决的问题有分类和回归。常用算法是所有对无标签数据建模进行预测的算法（即无监督学习）的延伸。

强化学习又称再励学习、评价学习或增强学习，是机器学习的范式和方法论之一，用于描述和解决智能体在与环境的交互过程中通过学习策略以达成回报最大化或实现特定目标的问题。

下面介绍几种常见的机器学习算法。

1.1　聚类算法

聚类是一个将数据集（样本）划分为若干组（class）或簇（cluster）的过程，通过划分使得同一组内的数据对象具有较高的相似度，而不同组中的数据对象是不相似的。由于样本是没有类别标签的，因此聚类是一种典型的无监督学习算法。

聚类模型的应用非常广泛。聚类是进行无标签数据探索的重要工具，用来简化数据，通过聚类模型有助于寻找数据的内部结构；在信息检索中，搜索引擎会事先将已有的网页进行聚类，用户搜索返回当前查询最相近的网页簇；在商业应用中，聚类模型可以帮助市场分析人员从消费者数据库中区分出不同的消费群体，并从中概括出每一类消费者的消费模式。

目前最常用到的聚类算法有 K 均值聚类算法、层次聚类算法、基于密度的算法、基于网格的算法、基于模型的算法。

1.1.1 *K* 均值聚类

K 均值聚类起源于信号处理，是一种比较流行的聚类算法。该算法对没有标签的数据集进行训练，然后将数据集聚类成不同的类别。*K* 均值聚类的目标是将 n 个样本集 $\boldsymbol{x}_i\,(1\leqslant i\leqslant n)$ 划分为 K 个簇，找到每个簇的中心 $\boldsymbol{c}_k(1\leqslant k\leqslant K)$ 并且最小化所有样本点到所属簇中心的距离二次方和：

$$\text{minimize}\quad J=\sum_{i=1}^{n}\sum_{k=1}^{K}r_{ik}\parallel \boldsymbol{x}_i-\boldsymbol{c}_k\parallel^2 \tag{1.1}$$

式中，$r_{ik}\in\{0,1\}$，若样本 $\boldsymbol{x}_i$ 被划分到簇 K 中，那么 $r_{ik}=1$，否则 $r_{ik}=0$。

1. *K* 均值聚类过程

输入：聚类个数 *K*，以及包含 n 个数据对象的样本。

输出：满足目标函数最优的 *K* 个聚类。

处理流程如下：

1）从 n 个数据对象中任意选择 *K* 个对象作为初始聚类中心；

2）根据每个聚类对象的均值（中心对象），计算每个对象与这些均值之间的距离，并根据最小距离重新对相应对象进行划分；

3）重新计算每个（有变化）聚类的均值；

4）循环 2）到 3），直到每个聚类不再发生变化为止。

下面通过图 1.1 对于 *K* 均值聚类过程进行示意描述。假设空间数据对象分布如图 1.1（a）所示，设 *K*=3，也就是需要将数据集划分为 3 簇。

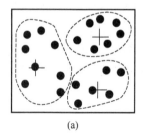 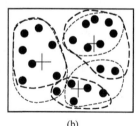 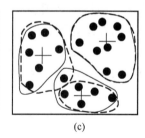

(a) (b) (c)

图 1.1　*K* 均值聚类过程示意描述

根据 *K* 均值算法，从数据集中任意选择三个对象作为初始聚类中心 [图 1.1（a）中这些对象被标上了"+"]；其余对象则根据与这三个聚类中心的距离，根据最近距离原则，逐个分别聚类到这三个聚类中心所代表的（三个）聚类中。由此获得了如图 1.1（a）所示的三个聚类（以细虚线圈出）。在完成第一轮聚类之后，各聚类中心发生了变化，继而更新三个聚类的聚类中心 [图 1.1（b）中这些对象被标上了"+"]；也就是分别根据各聚类中的对象计算相应聚类的均值。根据所获得的三个新聚类中心，以及各对象与这三个聚类中心的距离，根据最近距离原则对所有对象进行重新归类。有关变化情况如图 1.1（b）所示（已用粗虚线圈出）。再次重复上述过程就可获得如图 1.1（c）所示的聚类结果（已用实线圈出）。这时由于各聚类中的对象（归属）已不再变化，整个聚类操作结束。

2. *K* 值的选择

聚类模型中参数 *K* 的大小将会影响聚类结果的优劣。机器学习中很多参数估计问题均采用似然函数作为目标函数,当训练数据足够多时,可以不断提高模型精度,但这是以提高模型复杂度为代价的。同时会带来机器学习中一个非常普遍的问题——过拟合。所以,模型选择问题是在模型复杂度与模型对数据集描述能力(即似然函数)之间寻求最佳平衡。人们提出许多信息准则,通过加入模型复杂度的惩罚项避免过拟合问题,即信息准则=复杂度惩罚+精度惩罚,值越小越好。此处介绍一个常用的模型选择方法——贝叶斯信息准则(Bayesian information criterion,BIC),其公式为

$$\text{BIC} = \ln(n)K - 2\ln(L) \tag{1.2}$$

式中,K 是模型参数的个数;n 是样本个数;L 为似然函数。

3. 聚类中心的选择

随机初始化聚类中心是常见的做法,但是该方法容易陷进局部最优,不能得到最优的聚类结果。为避免这种情况出现,可以采取下列措施:

1)多次运行,每次选取一组不同的随机初始化聚类中心,接着选取具有最小目标函数值的簇集。

2)使用层次聚类对样本进行聚类,从层次聚类中提取 K 个簇,并选择这些簇的中心作为初始聚类中心。

4. K 均值聚类的优缺点

优点:算法实现简单、直观。

缺点:

1)需要事先指定 K 值,而聚类结果依赖于 K 个初始质心的选择。

2)容易陷入局部最优,不易处理非簇状数据。

3)聚类结果容易受离群值影响。

1.1.2 层次聚类

层次聚类是一种最常使用的无监督聚类方法[1-3]。它将一组元素的距离矩阵转化成系统树状的层次分类。层次聚类可以一次性地得到整个聚类的过程,想要分多少个簇都可以直接根据树图得到结果,改变簇的数目不需要再次计算数据点的归属类别。层次聚类的缺点是计算量大;而且如果某个样本被错分在层次聚类中则是不可修正的,一旦被分到某个聚类中,则该样本将永远停留在该聚类中。

根据层次分解是以自下而上(合并)还是自上而下(分裂)的方式,层次聚类方法可以分为聚合式聚类(agglomerative clustering)和分拆式聚类(divisive clustering),分别如图 1.2 和图 1.3 所示。这两种方法均采取启发式策略,并没有去优化一个明确的目标函数来实现聚类,很难严格评价聚类的效果。

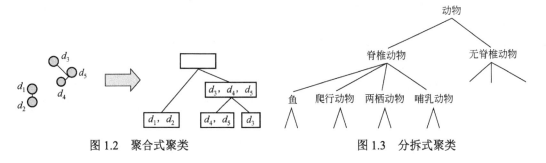

图 1.2 聚合式聚类 图 1.3 分拆式聚类

1. 聚合式聚类

在开始时把每个样本都当成一簇，然后在每一次迭代中将最相似（距离最近）的两个簇进行合并，直到把所有簇合并为包含所有样本的一簇。

聚合式聚类算法流程如下：

1）将每个样本看作一簇：$C_i \leftarrow \{i\}$，$i = 1, 2, \cdots, n$；

2）初始化可供合并的簇集：$S \leftarrow \{1, 2, \cdots, n\}$；

3）重复迭代如下步骤直至没有可供合并的簇：

① 选择两个最相似的簇进行合并：$(j, k) \leftarrow \mathrm{argmin}_{j, k \in S} d_{j, k}$；

② 创建新簇：$C_l \leftarrow C_j \cup C_k$；

③ 从 S 中去除已合并的 j 和 k：$S \leftarrow S \setminus \{j, k\}$；

④ 如果 $C_l \neq \{1, 2, \cdots, n\}$，那么增加一个可合并集 $S \leftarrow S \cup \{l\}$；

⑤ 对于每个 $i \in S$，更新簇间距离矩阵 $\boldsymbol{d}(i, l)$。

簇间距离的计算，根据不同的连接方法，有不同的计算公式，具体如下。

a. 单连接法：也称为最近邻距离连接方法，即簇 G 和簇 H 间的距离定位为两簇内最近的成员之间的距离。

$$\boldsymbol{d}_{\mathrm{sl}}(G, H) = \min_{i \in G, i' \in H} d_{i, i'} \tag{1.3}$$

b. 完整连接法：也称为最远邻距离连接方法，即簇 G 和簇 H 间的距离定位为两簇内最远的成员之间的距离。

$$\boldsymbol{d}_{\mathrm{cl}}(G, H) = \max_{i \in G, i' \in H} d_{i, i'} \tag{1.4}$$

c. 平均连接法：表示两簇间所有成员对的平均距离。

$$\boldsymbol{d}_{\mathrm{avg}}(G, H) = \frac{1}{n_G n_H} \sum_{i \in G} \sum_{i' \in H} d_{i, i'} \tag{1.5}$$

式中，n_G 和 n_H 是簇 G 和簇 H 的样本个数。

说明：单连接法只需要两簇内有成员对距离足够近就将两簇合并，而并没有考虑簇内其他成员的距离，因此单连接法形成的簇很有可能违背紧致性特征，即簇内成员应该尽可能相似。完整连接法是另外一个极端，只有当两簇的联合的成员间的距离相对较小时才将两簇进行合并，因此完整连接法倾向于生成紧致簇。平均连接法是介于单连接和完整连接之间的方法，易于生成相对紧致的簇，同时簇间距离较远。

2. 分拆式聚类

分拆式聚类将所有样本集合看成一簇，以自上而下的方式，递归地将现有的簇分拆为两个子簇。可以利用不同的启发式方法进行分拆方式的选择。

（1）二分 K 均值聚类

选择半径最大的簇，对该簇进行 K 均值聚类，分为两个子簇。

重复此过程直到达到想要的簇个数。

（2）最小生成树法

将每个样本看作一个图节点，将样本间距离看作节点间边的权重，根据此图建立最小生成树。

从权重最大处将该簇分拆为两簇，然后重复此过程直到达到想要的簇个数。

实际上，该方法得到的聚类结果和单连接的聚合聚类得到的结果一致。

（3）距离分析法

开始簇包含全部样本，即 $G = \{1, 2, \cdots, n\}$。计算样本 $i \in G$ 对于所有其他样本 $i' \in G$ 的平均距离。

$$d_i^G = \frac{1}{n_G} \sum_{i' \in G} d_{i, i'} \tag{1.6}$$

从 G 中移除平均距离最大的样本 i^*，将其归为新的簇 H：

$$i^* = \mathrm{argmax}_{i \in G} d_i^G, \quad G = G \setminus \{i^*\}, \quad H = \{i^*\} \tag{1.7}$$

持续从 G 中移除样本直到满足某种停止条件为止。为了同时考虑选择移动样本和 H 中样本的距离最小，可以根据如下原则进行样本选择（停止条件 $d_i^G - d_i^H$ 为负数）。

$$i^* = \mathrm{argmax}_{i \in G}(d_i^G - d_i^H), \quad d_i^H = \frac{1}{n_H} \sum_{i' \in H} d_{i, i'} \tag{1.8}$$

分别对 G 和 H 进行同样的拆分，直到满足停止条件或每个簇均为单个样本为止。

1.1.3　自组织图聚类

自组织图聚类又称 SOM（self-organizing map）聚类。自组织图是一种可以用来进行聚类分析的人工神经网络方法，也是学习矢量的一种延伸，它的学习过程是竞争和无监督的[4]。基本的自组织图可以以一种神经网络组织图表示，每个节点代表输入信号的模式。基本的自组织图每次输入只有一个节点被激活，被激活的节点称为胜出节点。在学习过程中，整个网络节点在排列图中的位置依据输入信号不断地调整，就像背后有一种非线性的调节系统在起作用。实际上自组织图很适合作为生物神经网络的模型，例如大脑皮层的人工神经网络模型。神经生理学上有证据表明自组织图在处理数据时和人类的大脑很相似。自组织图也常被用来进行多元变量的统计分析，它可以将高维数据空间映射到低维空间，将相似的数据映射到相邻的神经元中。

自组织图算法可视化表示如图 1.4 所示。图 1.4（a）中，黑色小圆点代表模型向量，X 为其中一个输入向量，BMU 代表胜出的模型向量，BMU 和它相邻的模型向量都向输入向量移动，灰色小圆点表示移动后的模型向量位置。图 1.4（b）中黑色小圆点代表输入向量，黑色大圆点代表初始时的模型向量，灰色大圆点代表经过多次迭代后模型向量的位置。

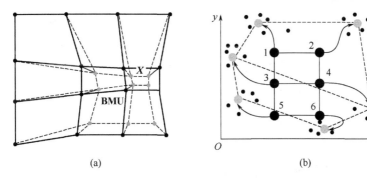

图 1.4　自组织图的可视化

在自组织图算法中，输入信号可以用输入向量 $x(t)$ 表示，组织图上的节点还包含一个模型向量 $m(t)$。模型向量和输入向量同维。随机自组织图计算是一种回归过程，模型向量的值随机选取，在实际应用中，模型向量的值可由输入向量中主要的特征向量决定。每个输入向量都和所有的模型向量比较，距离（比如说欧氏距离或泊松相关系数）最近的模型向量胜出。学习过程的基本思想就是每个输入向量胜出的模型向量节点和它的相邻节点都向输入向量移动，在学习过程中，个别变化可能互相矛盾，但当网络输出后，有序的模型向量就出现在组织图上。如果输入向量有限的话，就必须重复输入学习。学习过程就是对于每个属于 $N_c(t)$ 节点的模型向量按照 $m_i(t+1) = m_i(t) + a_i(t)[x_i(t) - m_i(t)]$ 进行更新，否则 $m_i(t+1) = m_i(t)$。其中 $0 \leqslant a_i(t) \leqslant 1$ 是学习尺度。$N_c(t)$ 定义了相邻范围。在学习开始的时候相邻半径很大，随着学习的进行，相邻半径和学习尺度逐渐降低。

自组织图的优点在于可以很图形化地表示一个类的质量好坏，并且计算资源的耗费较小；缺点是必须设置很多参数，比如组织图的 X 维、Y 维大小（类的大小）、迭代次数、初始学习率、相邻半径、相邻函数、训练前的初始化向量类型、图的拓扑结构。由于算法中存在随机化的过程，可能需要重复计算多次寻找最佳结果。

1.2 支持向量机算法

支持向量机（support vector machine，SVM）属于有监督学习的分类模型，广泛应用于统计分类及回归分析中。它的基本模型是定义在特征空间上的间隔最大的线性分类器，间隔最大使它有别于感知机。感知机是神经网络的起源算法，其具体概念将会在 1.3 节进行介绍。支持向量机还包括核技巧，将低维空间不可分数据映射到高纬度空间，得到线性的分类面，这使它成为实质上的非线性分类器。支持向量机的学习策略就是间隔最大化，可形式化为一个求解凸二次规划的问题，也等价于正则化的合页损失（hinge loss）函数的最小化问题。支持向量机的学习算法就是求解凸二次规划的最优化算法。一般支持向量机可以分为三类：线性可分支持向量机、线性支持向量机和非线性支持向量机。这三类由简至繁的模型分别解决训练数据的三种不同情况：当训练数据线性可分时，训练一个线性可分支持向量机，也称硬间隔支持向量机；当训练数据近似线性可分时，通过软间隔最大化训练一个线性支持向量机；当数据线性不可分时，通过核技巧及软间隔最大化学习非线性支持向量机。

1.2.1 线性可分支持向量机

在二维空间，两类点被一条直线完全分开叫作线性可分，这条直线也称为硬间隔，如图 1.5 所示。严格的数学定义为：D_0 和 D_1 是 n 维欧式空间中的两个点集。如果存在 n 维向量 w 和实数 b，使得所有属于 D_0 的点 x_i 都有 $wx_i + b > 0$，而对于所有属于 D_1 的点 x_j 都有 $wx_j + b < 0$，则称 D_0 和 D_1 线性可分。

1. 最大间隔超平面

从二维空间扩展到多维空间时，将 D_0 和 D_1 完全正确地划分开的 $wx_i + b = 0$ 就成了一个超平面。为了使这个超平面更具鲁棒性，我们会去寻找最大间隔超平面。最大间隔超平面是指以最大间隔把两类样本分开的平面，也称为最佳超平面。两类样本分割在该超平面的两侧；两侧距离超平面最近的样本点到超平面的距离被最大化了。

2. 支持向量

支持向量机尝试寻找一个最优的决策边界，距离两个类别的最近样本最远，样本中距离超平面最近的一些点叫作支持向量，如图 1.6 所示。

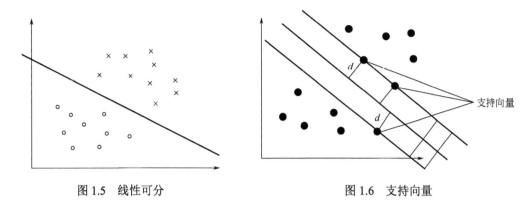

图 1.5　线性可分　　　　　　　　　　图 1.6　支持向量

3．支持向量机最优化问题

支持向量机算法的目标就是找到距离各类样本点最远的超平面，也就是找到最大间隔超平面。任意超平面可以用下面这个线性方程描述：

$$\boldsymbol{w}^{\mathrm{T}}\boldsymbol{x}+b=0 \tag{1.9}$$

式中，T 表示矩阵 $\boldsymbol{w}$ 的转置。

二维空间点 (x, y) 到直线 $Ax+By+C=0$ 的距离为

$$D=\frac{|Ax+By+C|}{\sqrt{A^2+B^2}} \tag{1.10}$$

扩展到 n 维空间后，点 $\boldsymbol{x}=(x_1, x_2, \cdots, x_n)$ 到直线 $\boldsymbol{w}^{\mathrm{T}}\boldsymbol{x}+b=0$ 的距离为

$$D'=\frac{|\boldsymbol{w}^{\mathrm{T}}\boldsymbol{x}+b|}{\|\boldsymbol{w}\|} \tag{1.11}$$

式中，$\|\boldsymbol{w}\|=\sqrt{w_1^2+w_2^2+\cdots+w_n^2}$。

如图 1.6 所示，根据支持向量的定义，支持向量到超平面的距离为 d，其他点到超平面的距离大于 d。于是，可以得到下面这个公式：

$$\begin{cases} \dfrac{\boldsymbol{w}^{\mathrm{T}}\boldsymbol{x}+b}{\|\boldsymbol{w}\|} \geqslant d & y=1 \\[3mm] \dfrac{\boldsymbol{w}^{\mathrm{T}}\boldsymbol{x}+b}{\|\boldsymbol{w}\|} \leqslant -d & y=-1 \end{cases} \tag{1.12}$$

转化后可以得到

$$\begin{cases} \dfrac{\boldsymbol{w}^{\mathrm{T}}\boldsymbol{x}+b}{\|\boldsymbol{w}\|d} \geqslant 1 & y=1 \\[3mm] \dfrac{\boldsymbol{w}^{\mathrm{T}}\boldsymbol{x}+b}{\|\boldsymbol{w}\|d} \leqslant -1 & y=-1 \end{cases} \tag{1.13}$$

式中，$\|\boldsymbol{w}\|d$ 是正数，为了方便推导和优化，并且对目标函数的优化不造成影响，可以令

$\|w\|d=1$。因此，得到如下公式：

$$\begin{cases} w^{T}x+b \geqslant 1 & y=1 \\ w^{T}x+b \leqslant -1 & y=-1 \end{cases} \tag{1.14}$$

将式（1.14）两个方程合并，可以简写为

$$y(w^{T}x+b) \geqslant 1 \tag{1.15}$$

于是，可以得到最大间隔超平面上下两个超平面，如图 1.7 所示。

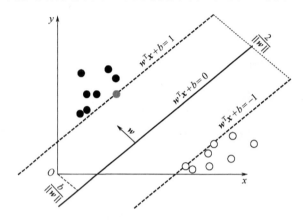

图 1.7　最大间隔超平面上下两个超平面

每个支持向量到超平面的距离可以写为

$$d = \frac{\left| w^{T}x+b \right|}{\|w\|} \tag{1.16}$$

由上述 $y(w^{T}x+b)>1>0$ ，可以得到 $y(w^{T}x+b)=\left| w^{T}x+b \right|$，由此得出

$$d = \frac{y(w^{T}x+b)}{\|w\|} \tag{1.17}$$

最大化上述距离：

$$d' = \max \left[\frac{y(w^{T}x+b)}{\|w\|} \times 2 \right] \tag{1.18}$$

这里乘上 2 倍是为了后面推导，对目标函数没有影响，根据得出的 $y(w^{T}x+b)=1$，可以得出

$$d' = \max \frac{2}{\|w\|} \tag{1.19}$$

即

$$d' = \min \frac{1}{2}\|w\|$$

为了方便计算，去除 $\|w\|$ 的根号，可以得出

$$d'' = \min \frac{1}{2}\|w\|^{2} \tag{1.20}$$

于是，求解最优超平面的问题就成为

$$d'' = \min \frac{1}{2} \| \boldsymbol{w} \|^2 \tag{1.21}$$
$$\text{s.t.} \quad y_i(\boldsymbol{w}^{\mathrm{T}} \boldsymbol{x}_i + b) \geqslant 1 \quad i = 1, \ 2, \ \cdots, \ n$$

式中，n 是样本个数。

式（1.21）是一个在不等式约束下的最优化问题，可以通过拉格朗日法求解。

4. 支持向量机的优化

我们已知支持向量机优化的主要问题是：

$$d'' = \min_{\boldsymbol{w}} \frac{1}{2} \| \boldsymbol{w} \|^2 \tag{1.22}$$
$$\text{s.t.} \quad g_i(\boldsymbol{w}, \ b) = 1 - y_i(\boldsymbol{w}^{\mathrm{T}} \boldsymbol{x}_i + b) \leqslant 0, \ i = 1, \ 2, \ \cdots, \ n$$

那么求解线性可分的支持向量机的步骤分解如下。

[步骤 1] 构造拉格朗日函数

$$\min_{\boldsymbol{w}, \ b} \max_{\boldsymbol{\lambda}} L(\boldsymbol{w}, \ b, \ \boldsymbol{\lambda}) = \frac{1}{2} \| \boldsymbol{w} \|^2 + \sum_{i=1}^{n} \lambda_i [1 - y_i(\boldsymbol{w}^{\mathrm{T}} \boldsymbol{x}_i + b)] \tag{1.23}$$
$$\text{s.t.} \quad \lambda_i \geqslant 0$$

[步骤 2] 利用强对偶性转化

$$\max_{\boldsymbol{\lambda}} \min_{\boldsymbol{w}, \ b} L(\boldsymbol{w}, \ b, \ \boldsymbol{\lambda}) \tag{1.24}$$

然后对参数 $\boldsymbol{w}$ 和 b 求偏导数

$$\begin{cases} \sum_{i=1}^{n} \lambda_i \boldsymbol{x}_i y_i = 0 \\ \dfrac{\partial L}{\partial b} = \sum_{i=1}^{n} \lambda_i y_i = 0 \end{cases} \tag{1.25}$$

将上述结果代回函数中可得

$$\begin{aligned} L(\boldsymbol{w}, \ b, \ \boldsymbol{\lambda}) &= \frac{1}{2} \sum_{i=1}^{n} \sum_{j=1}^{n} \lambda_i \lambda_j y_i y_j (\boldsymbol{x}_i \cdot \boldsymbol{x}_j) + \sum_{i=1}^{n} \lambda_i - \sum_{i=1}^{n} \lambda_i y_i \left(\sum_{j=1}^{n} \lambda_j y_j (\boldsymbol{x}_i \cdot \boldsymbol{x}_j) + b \right) \\ &= \frac{1}{2} \sum_{i=1}^{n} \sum_{j=1}^{n} \lambda_i \lambda_j y_i y_j (\boldsymbol{x}_i \cdot \boldsymbol{x}_j) + \sum_{i=1}^{n} \lambda_i - \sum_{i=1}^{n} \sum_{j=1}^{n} \lambda_i \lambda_j y_i y_j (\boldsymbol{x}_i \cdot \boldsymbol{x}_j) - \sum_{i=1}^{n} \lambda_i y_i b \\ &= \sum_{i=1}^{n} \lambda_i - \frac{1}{2} \sum_{i=1}^{n} \sum_{j=1}^{n} \lambda_i \lambda_j y_i y_j (\boldsymbol{x}_i \cdot \boldsymbol{x}_j) \end{aligned} \tag{1.26}$$

即

$$\min_{\boldsymbol{w}, \ b} L(\boldsymbol{w}, \ b, \ \boldsymbol{x}) = \sum_{i=1}^{n} \lambda_i - \frac{1}{2} \sum_{i=1}^{n} \sum_{j=1}^{n} \lambda_i \lambda_j y_i y_j (\boldsymbol{x}_i \cdot \boldsymbol{x}_j) \tag{1.27}$$

[步骤 3] 由[步骤 2]可得

$$\max_{\lambda} \left[\sum_{i=1}^{n} \lambda_i - \frac{1}{2} \sum_{i=1}^{n} \sum_{j=1}^{n} \lambda_i \lambda_j y_i y_j (\boldsymbol{x}_i \cdot \boldsymbol{x}_j) \right] \tag{1.28}$$

$$\text{s.t.} \quad \sum_{i=1}^{n} \lambda_i y_i = 0 \qquad \lambda_i \geqslant 0$$

式（1.28）是一个二次规划问题，问题规模正比于训练样本数，我们常用序列最小优化（sequential minimal optimization，SMO）算法求解。SMO 算法的核心思想非常简单：每次只优化一个参数，其他参数先固定住，仅求当前这个优化参数的极值。从式（1.28）中可以看到支持向量机优化目标的约束条件，无法一次只变动一个参数，因此可一次选择两个参数。具体步骤如下：

1）选择两个需要更新的参数 λ_i 和 λ_j，固定其他参数。这样约束就变成

$$\lambda_i y_i + \lambda_j y_j = c \qquad \lambda_i \geqslant 0, \ \lambda_j \geqslant 0 \tag{1.29}$$

由此可以得出 $\lambda_j = \dfrac{c - \lambda_i y_i}{y_j}$，也就是说，可以用 λ_i 的表达式代替 λ_j。这就相当于把目标问题转化成了仅有一个约束条件的最优化问题，仅有的约束是 $\lambda_i \geqslant 0$。

2）对于仅有一个约束条件的最优化问题，完全可以在 λ_i 上对优化目标求偏导，令导数为零，从而求出变量值 $\lambda_{i\text{new}}$，然后根据 $\lambda_{i\text{new}}$ 求出 $\lambda_{j\text{new}}$。

3）多次迭代直至收敛。

4）通过 SMO 算法求得最优解 λ^*。

[步骤 4] 根据偏导数

$$\boldsymbol{w} = \sum_{i=1}^{n} \lambda_i y_i \boldsymbol{x}_i \tag{1.30}$$

可求得 $\boldsymbol{w}$，由于所有的 $\lambda_i > 0$ 所对应的点是支持向量，因此可以随机找个支持向量，代入

$$y_s (\boldsymbol{w} \boldsymbol{x}_s + b) = 1 \tag{1.31}$$

求出 b 即可。

式（1.31）两边同乘以 y_s，可得 $y_s^2 (\boldsymbol{w} \boldsymbol{x}_s + b) = y_s$。

因为 $y_s^2 = 1$，所以 $b = y_s - \boldsymbol{w} \boldsymbol{x}_s$。为了更具鲁棒性，可以求得支持向量的均值：

$$b = \frac{1}{|S|} \sum_{s \in S} (y_s - \boldsymbol{w} \boldsymbol{x}_s) \tag{1.32}$$

[步骤 5] $\boldsymbol{w}$ 和 b 都求出后，可以构造出最大分割超平面：$\boldsymbol{w}^{\mathrm{T}} \boldsymbol{x} + b = 0$。如果使用的分类决策函数为 $f(x) = \text{sign}(\boldsymbol{w}^{\mathrm{T}} \boldsymbol{x} + b)$，将新样本点导入决策函数中就可以得到样本的分类。其中 $\text{sign}()$ 为阶跃函数。

1.2.2　线性支持向量机

在实际应用中，完全线性可分的样本是很少的，如果遇到了如图 1.8 所示的不能够完全线性可分的样本，应该怎么办？

与图 1.5 中的硬间隔概念相对应，产生了软间隔。 相比于硬间隔的苛刻条件，软间隔允许个别样本点出现在间隔带里面。

允许部分样本点不满足约束条件：

$$y_i(\boldsymbol{w}^{\mathrm{T}}\boldsymbol{x}_i+b)\leqslant 0$$

为了度量这个软间隔软到何种程度，为每个样本引入一个松弛变量 ξ_i，令 $\xi_i\geqslant 0$，且 $1-y_i(\boldsymbol{w}^{\mathrm{T}}\boldsymbol{x}_i+b)-\xi_i\leqslant 0$，如图 1.9 所示。

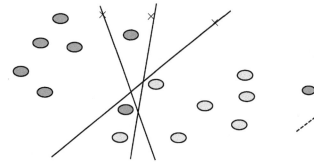 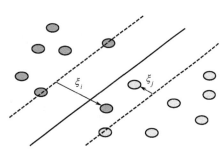

图 1.8　不能够完全线性可分的样本　　　　图 1.9　线性支持向量机模型

增加软间隔后目标函数就变成

$$d'=\min_{\boldsymbol{w}}\frac{1}{2}\|\boldsymbol{w}\|^2+C\sum_{i=1}^{m}\xi_i$$

$$\text{s.t.}\quad g_i(\boldsymbol{w},\ b)=1-y_i(\boldsymbol{w}^{\mathrm{T}}\boldsymbol{x}_i+b)-\xi_i\leqslant 0,\ \xi_i\geqslant 0,\ i=1,\ 2,\ \cdots,\ n \tag{1.33}$$

其中，C 是一个大于 0 的常数，可以理解为错误样本的惩罚程度。若 C 为无穷大，ξ_i 必然无穷小，如此一来，线性支持向量机就又变成了线性可分支持向量机；当 C 为有限值的时候，才会允许部分样本不遵循约束条件。

接下来针对式（1.33）求解最优化问题。

[步骤 1] 构造拉格朗日函数：

$$\min_{\boldsymbol{w},b,\xi}\ \max_{\lambda,\mu}L(\boldsymbol{w},\ b,\ \xi,\ \lambda,\ \mu)$$

$$=\frac{1}{2}\|\boldsymbol{w}\|^2+C\sum_{i=1}^{n}\xi_i+\sum_{i=1}^{n}\lambda_i[1-\xi_i-y_i(\boldsymbol{w}^{\mathrm{T}}\boldsymbol{x}_i+b)]-\sum_{i=1}^{n}\mu_i\xi_i \tag{1.34}$$

$$\text{s.t.}\quad \lambda_i\geqslant 0\quad \mu_i\geqslant 0$$

式中，λ_i 和 μ_i 是拉格朗日乘子，$\boldsymbol{w}$、b 和 ξ_i 是主问题参数。

根据强对偶性，将对偶问题转换为

$$\max_{\lambda,\mu}\ \min_{\boldsymbol{w},b,\xi}L(\boldsymbol{w},\ b,\ \xi,\ \lambda,\ \mu)$$

$$=\frac{1}{2}\|\boldsymbol{w}\|^2+C\sum_{i=1}^{n}\xi_i+\sum_{i=1}^{n}\lambda_i[1-\xi_i-y_i(\boldsymbol{w}^{\mathrm{T}}\boldsymbol{x}_i+b)]-\sum_{i=1}^{n}\mu_i\xi_i \tag{1.35}$$

$$\text{s.t.}\quad \lambda_i\geqslant 0\quad \mu_i\geqslant 0$$

[步骤2] 分别对主问题参数 $\boldsymbol{w}$、b 和 ξ_i 求偏导数，并令偏导数为 0，得出如下关系：

$$\begin{cases} \boldsymbol{w} = \sum_{i=1}^{n} \lambda_i y_i \boldsymbol{x}_i \\ \sum_{i=1}^{n} \lambda_i y_i = 0 \\ C = \lambda_i + \mu_i \end{cases} \tag{1.36}$$

将式（1.36）代入式（1.34）中，得

$$\min_{\boldsymbol{w},\,b,\,\xi} L(\boldsymbol{w},\ b,\ \xi,\ \lambda,\ \mu) = \sum_{j=1}^{n} \lambda_i - \frac{1}{2} \sum_{i=1}^{n}\sum_{j=1}^{n} \lambda_i \lambda_j y_i y_j (\boldsymbol{x}_i \cdot \boldsymbol{x}_j) \tag{1.37}$$

最小化结果里只有 λ 而没有 μ，所以现在只需要最大化 λ：

$$d'' = \max_{\lambda} \left[\sum_{j=1}^{n} \lambda_i - \frac{1}{2} \sum_{i=1}^{n}\sum_{j=1}^{n} \lambda_i \lambda_j y_i y_j (\boldsymbol{x}_i \cdot \boldsymbol{x}_j) \right] \tag{1.38}$$

$$\text{s.t.} \quad \sum_{i=1}^{n} \lambda_i y_i = 0,\ \lambda_i \geqslant 0,\ C - \lambda_i - \mu_i = 0$$

式（1.38）和硬间隔一样，只是多了个约束条件。然后利用 SMO 算法求解得到拉格朗日乘子 λ^*。

[步骤3]

$$\begin{cases} \boldsymbol{w} = \sum_{i=1}^{m} \lambda_i y_i \boldsymbol{x}_i \\ b = \frac{1}{|S|} \sum_{s \in S} (y_s - \boldsymbol{w}\boldsymbol{x}_s) \end{cases} \tag{1.39}$$

通过式（1.39）求出 $\boldsymbol{w}$ 和 b，最终求得超平面 $\boldsymbol{w}^{\mathrm{T}}\boldsymbol{x} + b = 0$。

1.2.3　非线性支持向量机

前面两节讨论的线性可分支持向量机、线性支持向量机都是样本完全线性可分或者大部分样本线性可分的情形。但是在实际问题中也会碰到一种情况是样本点不是线性可分的，如图 1.10（a）所示。

这种情况的解决方法就是：将二维线性不可分样本映射到高维空间中，让样本点在高维空间线性可分，如图 1.10（b）所示。对于在有限维向量空间中线性不可分的样本，将其映射到更高维的向量空间里，再通过间隔最大化的方式，学习得到支持向量机，就是非线性支持向量机。

用 $\boldsymbol{x}$ 表示原来的样本点，用 $\phi(\boldsymbol{x})$ 表示 $\boldsymbol{x}$ 映射到新的特征空间后的新向量。那么分割超平面可以表示为

$$f(\boldsymbol{x}) = \boldsymbol{w}\phi(\boldsymbol{x}) + b \tag{1.40}$$

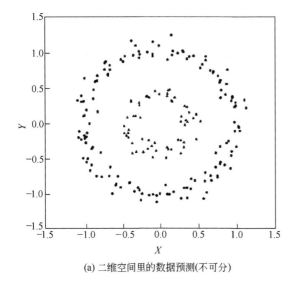
(a) 二维空间里的数据预测(不可分)

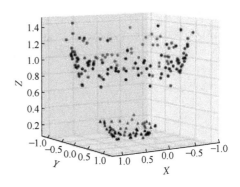
(b) 三维空间里的数据预测(可分)

图 1.10　线性不可分

对于非线性支持向量机的对偶问题就变成

$$\min_{\lambda}\left[\frac{1}{2}\sum_{i=1}^{n}\sum_{j=1}^{n}\lambda_i\lambda_j y_i y_j\left(\phi(\boldsymbol{x}_i)\cdot\phi(\boldsymbol{x}_j)\right)-\sum_{i=1}^{n}\lambda_i\right] \tag{1.41}$$

$$\text{s.t.}\quad \sum_{i=1}^{n}\lambda_i y_i=0,\ \lambda_i\geqslant 0,\ C-\lambda_i-\mu_i=0$$

式（1.41）与线性支持向量机唯一不同之处就是之前的 $(\boldsymbol{x}_i\cdot\boldsymbol{x}_j)$ 变成了 $(\phi(\boldsymbol{x}_i)\cdot\phi(\boldsymbol{x}_j))$。

将低维空间映射到高维空间后维度可能会很大，如果将全部样本的内积计算好，这样的计算量太大。

如果采用这样的一个核函数 $k(\boldsymbol{x},\ \boldsymbol{y})=(\phi(\boldsymbol{x}),\ \phi(\boldsymbol{y}))$，$\boldsymbol{x}_i$ 与 $\boldsymbol{x}_j$ 在特征空间的内积等于它们在原始样本空间中通过函数 $k(\boldsymbol{x},\ \boldsymbol{y})$ 计算的结果，则不需要计算高维甚至无穷维空间的内积了。

假设有一个多项式核函数：

$$k(\boldsymbol{x},\ \boldsymbol{y})=(\boldsymbol{x}\cdot\boldsymbol{y}+1)^2 \tag{1.42}$$

代入样本点后：

$$k(\boldsymbol{x},\ \boldsymbol{y})=\left(\sum_{i=1}^{n}(\boldsymbol{x}_i\cdot\boldsymbol{y}_i)+1\right)^2 \tag{1.43}$$

式（1.43）的展开项为

$$\sum_{i=1}^{n}\boldsymbol{x}_i^2\boldsymbol{y}_i^2+\sum_{i=2}^{n}\sum_{j=1}^{i-1}\left(\sqrt{2}\boldsymbol{x}_i\boldsymbol{x}_j\right)\left(\sqrt{2}\boldsymbol{y}_i\boldsymbol{y}_j\right)+\sum_{i=1}^{n}\left(\sqrt{2}\boldsymbol{x}_i\right)\left(\sqrt{2}\boldsymbol{y}_i\right)+1 \tag{1.44}$$

如果没有核函数，则需要把向量映射成式（1.45），然后再进行内积计算，才能与多项式核函数达到相同的效果。

$$x' = \left(x_1^2, \cdots, x_n^2, \cdots, \sqrt{2}x_1, \cdots, \sqrt{2}x_n, 1 \right) \tag{1.45}$$

核函数的引入一方面减少了计算量，另一方面也减少了存储数据的内容使用量。
下面列出经常使用的三个核函数公式。

线性核函数：

$$k(\boldsymbol{x}_i, \ \boldsymbol{x}_j) = \boldsymbol{x}_i^{\mathrm{T}} \boldsymbol{x}_j \tag{1.46}$$

多项式核函数：

$$k(\boldsymbol{x}_i, \ \boldsymbol{x}_j) = (\boldsymbol{x}_i^{\mathrm{T}} \boldsymbol{x}_j)^d \tag{1.47}$$

高斯核函数：

$$k(\boldsymbol{x}_i, \ \boldsymbol{x}_j) = \exp\left(-\frac{\| \boldsymbol{x}_i - \boldsymbol{x}_j \|}{2\delta^2} \right) \tag{1.48}$$

1.2.4　支持向量机的优缺点

优点：

1）有严格的数学理论支持，可解释性强，不依靠统计方法，从而简化了通常的分类和回归问题。

2）能找出对任务至关重要的关键样本（即支持向量）。

3）采用核技巧之后，可以处理非线性分类/回归任务。

4）最终决策函数只由少数的支持向量所确定，计算的复杂性取决于支持向量的数目，而不是样本空间的维数，这在某种意义上避免了"维数灾难"。

缺点：

1）训练时间长。当采用 SMO 算法时，由于每次都需要挑选一对参数，因此时间复杂度为 $O(N^2)$，其中 N 为训练样本的数量。

2）当采用核技巧时，如果需要存储核矩阵，则空间复杂度为 $O(N^2)$。

3）模型预测时，预测时间与支持向量的个数成正比。当支持向量的数量较大时，预测计算复杂度较高。

因此支持向量机目前只适合小批量样本的任务，无法适应百万甚至上亿样本的任务。

1.3　神经网络

人工神经网络（artificial neural network，ANN）简称神经网络（neural network，NN）或类神经网络，是一种模仿生物神经网络（动物的中枢神经系统，特别是大脑）的结构和功能的数学模型或计算模型，用于对函数进行估计或近似。

神经网络主要由输入层、隐藏层和输出层构成。一个基本的三层神经网络如图 1.11 所示。当隐藏层只有一层时，该网络为两层神经网络，由于输入层未做任何变换，可以不看作单独的一层。实际中，网络输入层的每个神经元代表了一个特征，输出层个数代表了分类标签的个数（在做二分类时，如果采用 sigmoid 分类器，输出层的神经元个数为 1 个；如果采用 softmax 分类器，输出层的神经元个数为 2 个），而隐藏层层数以及隐藏层神经元是由人工设定的。

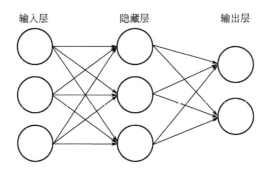

图 1.11　神经网络示意图

1.3.1　从逻辑回归到神经元

逻辑回归模型为

$$h_{\boldsymbol{\theta}}(\boldsymbol{x}) = \frac{1}{1 + e^{-\boldsymbol{\theta}^T \boldsymbol{x}}} \tag{1.49}$$

设 $z = \boldsymbol{\theta}^T \boldsymbol{x} = \theta_0 + \theta_1 x_1 + \theta_2 x_2$，则

$$h_{\boldsymbol{\theta}}(\boldsymbol{x}) = \frac{1}{1 + e^{-z}}$$

可以用图 1.12 进行理解。

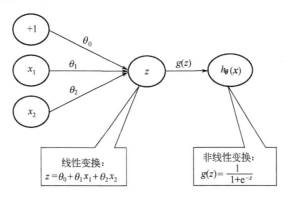

图 1.12　逻辑回归示意图

根据图 1.12 可以看出，逻辑回归分为线性变换部分与非线性变换部分。相当于只有输入层与输出层，且输出层只有一个神经元的神经网络的结构。只不过在神经网络中，线性变换（求和）与非线性变换被集成在一个神经元（隐藏层或输出层）中，如图 1.13 所示。

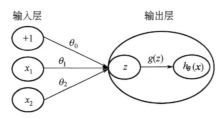

图 1.13　只有输入层和输出层的神经网络

于是，对于具有多层或多个输出神经元的神经网络就不难理解了。其中每个隐藏层神经元/输出层神经元的值（激活值），都是由上一层神经元，经过加权求和与非线性变换而得到的。其中非线性变换函数（又被称为激活函数）可以是 sigmoid、tanh 和 relusigmoid 等函数。

1.3.2 神经网络模型

一个基本的三层神经网络的结构如图 1.14 所示。

其中，$x_i (i = 1, 2, 3)$ 为输入层的值，$a_i^{(k)} (k = 1, 2, 3, \cdots, K; \ i = 1, 2, 3, \cdots, N_k)$ 表示第 k 层中第 i 个神经元的激活值，N_k 表示第 k 层的神经元个数。当 $k = 1$ 时即为输入层，即 $a_i^{(1)} = x_i$，而 $x_0 = 1$ 与 $a_0^{(2)} = 1$ 为偏置项。为了求出最后的输出值 $h_{\boldsymbol{\theta}}(\boldsymbol{x}) = a_1^{(3)}$，需要计算隐藏层中每个神经元的激活值 $a_{ji}^{(k)} \ (k = 2, 3)$。而隐藏层/输出层的每一个神经元，都是由上一层神经元经过类似逻辑回归计算而来的。可以结合图 1.15 来理解。

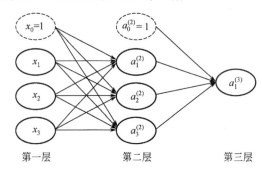

图 1.14　三层神经网络结构（1）

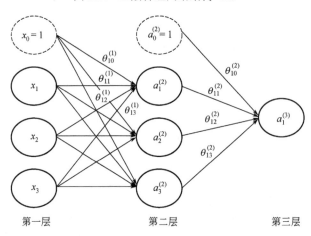

图 1.15　三层神经网络结构（2）

$\theta_{ji}^{(k)}$ 表示第 k 层的参数（边权），其中下标 j 表示第 $k+1$ 层的第 j 个神经元，下标 i 表示第 k 层的第 i 个神经元。于是基于式（1.50）计算出隐藏层的三个激活值：

$$\begin{cases} a_1^{(2)} = g(\theta_{10}^{(1)} x_0 + \theta_{11}^{(1)} x_1 + \theta_{12}^{(1)} x_2 + \theta_{13}^{(1)} x_3) \\ a_2^{(2)} = g(\theta_{20}^{(1)} x_0 + \theta_{21}^{(1)} x_1 + \theta_{22}^{(1)} x_2 + \theta_{23}^{(1)} x_3) \\ a_3^{(2)} = g(\theta_{30}^{(1)} x_0 + \theta_{31}^{(1)} x_1 + \theta_{32}^{(1)} x_2 + \theta_{33}^{(1)} x_3) \end{cases} \tag{1.50}$$

再根据隐藏层的三个激活值以及偏置项$(a_0^{(2)},\ a_1^{(2)},\ a_2^{(2)},\ a_3^{(2)})$，计算出输出层神经元的激活值，即为该神经网络的输出公式。

$$a_1^{(3)} = g(\theta_{10}^{(2)}a_0^{(2)} + \theta_{11}^{(2)}a_1^{(2)} + \theta_{12}^{(2)}a_2^{(2)} + \theta_{13}^{(2)}a_3^{(2)}) \tag{1.51}$$

式中，$g()$ 为非线性变换函数（激活函数）。

1.3.3　神经网络目标函数

同样地，对于神经网络也需要知道其目标函数，才能够对目标函数进行优化，从而学习到参数。

假设神经网络的输出层只有一个神经元，该网络有 K 层，则其目标函数为式（1.52）（若不止一个神经元，每个输出神经元的目标函数类似，仅仅是参数矩阵不同）：

$$J(\boldsymbol{\theta}) = -\frac{1}{m}\left[\sum_{i=1}^{m} y^{(i)}\lg(h_{\boldsymbol{\theta}}(\boldsymbol{a}^{(K-1)})) + (1-y^{(i)})\lg(1 - h_{\boldsymbol{\theta}}(\boldsymbol{a}^{(K-1)}))\right] + \frac{\lambda}{2m}\sum_{k=1}^{K-1}\sum_{i=1}^{N_k}\sum_{j=1}^{N_{k+1}}(\theta_{ji}^{(k)})^2 \tag{1.52}$$

式中，$\boldsymbol{a}^{(K-1)}$ 为倒数第 2 层的激活值，作为输出层的输入值，而其值为 $\boldsymbol{a}^{(K)} = g(\boldsymbol{a}^{(K-1)})$；$y^{(i)}$ 为实际分类结果 0 或 1；m 为样本数；N_k 为第 k 层的神经元个数。

1.3.4　神经网络优化算法

与普通分类器不同，神经网络是一个巨大的网络，最后一层的输出与每一层的神经元都有关系；而神经网络的每一层与下一层之间，都存在一个参数矩阵。我们需要通过优化算法求出每一层的参数矩阵，对于一个有 K 层的神经网络，共需要求解出 K-1 个参数矩阵。由于参数数量极多，因此无法直接通过对目标函数进行梯度的计算求解参数矩阵。

神经网络的优化算法主要需要两步：前向传播（forward propagation，FP）与反向传播（back propagation，BP）。

1. 前向传播

前向传播就是从输入层到输出层，计算每一层每一个神经元的激活值。也就是先随机初始化每一层的参数矩阵，然后从输入层开始，依次计算下一层每个神经元的激活值，一直到最后计算输出层神经元的激活值，如图 1.16 所示。

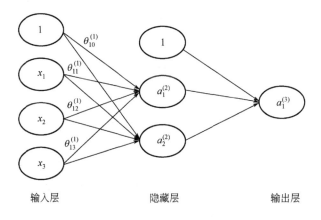

图 1.16　前向传播图示

[步骤 1] 随机初始化参数矩阵 $\boldsymbol{\theta}^{(1)}$ 与 $\boldsymbol{\theta}^{(2)}$：

$$\begin{cases} \boldsymbol{\theta}^{(1)} = \begin{bmatrix} \theta_{10}^{(1)} & \theta_{11}^{(1)} & \theta_{12}^{(1)} & \theta_{13}^{(1)} \\ \theta_{20}^{(1)} & \theta_{21}^{(1)} & \theta_{22}^{(1)} & \theta_{23}^{(1)} \end{bmatrix} \\ \boldsymbol{\theta}^{(2)} = \begin{bmatrix} \theta_{10}^{(2)} & \theta_{11}^{(2)} & \theta_{12}^{(2)} \end{bmatrix} \end{cases} \tag{1.53}$$

[步骤 2] 计算隐藏层的每个神经元激活值：

$$\begin{cases} a_1^{(2)} = g(\theta_{10}^{(1)} x_0 + \theta_{11}^{(1)} x_1 + \theta_{12}^{(1)} x_2 + \theta_{13}^{(1)} x_3) \\ a_2^{(2)} = g(\theta_{20}^{(1)} x_0 + \theta_{21}^{(1)} x_1 + \theta_{22}^{(1)} x_2 + \theta_{23}^{(1)} x_3) \end{cases} \tag{1.54}$$

即

$$\boldsymbol{a}^{(2)} = g(\boldsymbol{\theta}^{(1)} \boldsymbol{x}) , \quad 其中 \ \boldsymbol{a}^{(2)} = \begin{bmatrix} a_1^{(2)} \\ a_2^{(2)} \end{bmatrix}, \quad \boldsymbol{x} = \begin{bmatrix} x_0 \\ x_1 \\ x_2 \\ x_3 \end{bmatrix}$$

[步骤 3] 计算输出层的每个神经元激活值：

$$a_1^{(3)} = g(\theta_{10}^{(2)} a_0^{(2)} + \theta_{11}^{(2)} a_1^{(2)} + \theta_{12}^{(2)} a_2^{(2)}) \tag{1.55}$$

即

$$\boldsymbol{a}^{(3)} = g(\boldsymbol{\theta}^{(2)} \boldsymbol{a}^{(2)}) , \quad 其中 \ \boldsymbol{a}^{(2)} = \begin{bmatrix} a_0^{(2)} \\ a_1^{(2)} \\ a_2^{(2)} \end{bmatrix}$$

以上便是前向传播计算激活值的过程。

2. 反向传播

反向传播总的来说就是根据前向传播计算出来的激活值，计算每一层参数的梯度，并从后往前进行参数的更新。

在介绍反向传播的计算步骤之前，先引入一个概念——除输入层外每个神经元节点的"损失"，通常用 δ_j^k 表示第 k 层第 j 个神经元的损失。

于是可以计算求得除输入层外的每一层神经元的损失（以上一个例子来计算）：

$$\delta_1^{(3)} = a_1^{(3)} - y_1 \tag{1.56}$$

式中，y_1 为分类结果的实际值。向量化表示如下：

$$\begin{cases} \boldsymbol{\delta}^{(3)} = \boldsymbol{a}^{(3)} - \boldsymbol{y} \\ \boldsymbol{\delta}^{(2)} = ((\boldsymbol{\theta}^{(2)})^{\mathrm{T}}) \boldsymbol{\delta}^{(3)} \bullet * g'(z^{(2)}) \end{cases} \tag{1.57}$$

式中，$\bullet*$ 表示两个矩阵对应位置上元素相乘；$g'(z^{(2)})$ 是对函数求导。而

$$z^{(2)} = [\theta_{10}^{(1)} x_0 + \theta_{11}^{(1)} x_1 + \theta_{12}^{(1)} x_2 + \theta_{13}^{(1)} x_3 \theta_{20}^{(1)} x_0 + \theta_{21}^{(1)} x_1 + \theta_{22}^{(1)} x_2 + \theta_{23}^{(1)} x_3] \tag{1.58}$$

可以看出，第二层的损失 $\boldsymbol{\delta}^{(2)}$ 基于第三层的损失 $\boldsymbol{\delta}^{(3)}$ 计算而来。也就是说，可以先计算第三层的损失并对第二层的参数矩阵进行更新，再利用第三层的损失计算第二层的损失以及更新第一层的参数矩阵。

于是，基于反向传播算法的梯度更新步骤如下：

1）计算每一层的损失：$\boldsymbol{\delta}^k$；

2）计算每一层的梯度 $\boldsymbol{\Delta}$（初始化为 0）：

$$\boldsymbol{\Delta}^{(k)} = \boldsymbol{\Delta}^{(k)} + \boldsymbol{\delta}^{(k+1)} (\boldsymbol{a}^{(k)})^{\mathrm{T}} \tag{1.59}$$

3）计算每一个参数的梯度：

$$\begin{cases} D_{ji}^{(k)} = \dfrac{1}{m} \Delta_{ji}^{(k)} + \lambda \Theta_{ji}^{(k)}, & \text{如果 } i \neq 0 \\[2mm] D_{ji}^{(k)} = \dfrac{1}{m} \Delta_{ji}^{(k)}, & \text{如果 } i = 0 \end{cases} \tag{1.60}$$

也就是说，$\dfrac{\delta J(\boldsymbol{\theta})}{\delta \theta_{ji}^k} = D_{ji}^{(k)}$。于是就可以使用梯度下降来进行参数的求解了。

3. 反向传播的推导

如图 1.16 所示，第一层参数和第二层参数分别是

$$\begin{cases} \boldsymbol{\theta}^{(1)} = \begin{bmatrix} \theta_{10}^{(1)} & \theta_{11}^{(1)} & \theta_{12}^{(1)} & \theta_{13}^{(1)} \\ \theta_{20}^{(1)} & \theta_{21}^{(1)} & \theta_{22}^{(1)} & \theta_{23}^{(1)} \end{bmatrix} \\[4mm] \boldsymbol{\theta}^{(2)} = [\theta_{10}^{(2)} \quad \theta_{11}^{(2)} \quad \theta_{12}^{(2)}] \end{cases} \tag{1.61}$$

先求第二层的参数梯度 $\dfrac{\delta J(\boldsymbol{\theta})}{\delta \boldsymbol{\theta}^{(2)}}$：

$$\begin{aligned} J(\boldsymbol{\theta}) &= -\frac{1}{m} \left[\sum_{i=1}^{m} y^i \lg(h_{\boldsymbol{\theta}}(\boldsymbol{x}^{(i)})) + (1-y^i)\lg(1-h_{\boldsymbol{\theta}}(\boldsymbol{x}^{(i)})) \right] \\ &= -\frac{1}{m} \left[\sum_{i=1}^{m} y^i \lg(g(\boldsymbol{\theta}^{(2)}\boldsymbol{a}^{(2)})) + (1-y^i)\lg(1-g(\boldsymbol{\theta}^{(2)}\boldsymbol{a}^{(2)})) \right] \end{aligned} \tag{1.62}$$

式中，y^i 为分类结果的实际值；$g(\boldsymbol{\theta}^{(2)}\boldsymbol{a}^{(2)}) = \boldsymbol{a}^{(3)}$。

接下来求 $\dfrac{\delta J(\boldsymbol{\theta})}{\delta \boldsymbol{\theta}^{(2)}}$，与逻辑回归梯度求导过程一致。

$$\frac{\delta J(\boldsymbol{\theta})}{\delta \boldsymbol{\theta}^{(2)}} = \frac{1}{m} \sum_{i=1}^{m} (g(\boldsymbol{\theta}^{(2)}\boldsymbol{a}^{(2)}) - y^i)\boldsymbol{a}^{(2)} = \frac{1}{m} \sum_{i=1}^{m} (\boldsymbol{a}^{(3)} - y^i)\boldsymbol{a}^{(2)} \tag{1.63}$$

再对第一层的参数求梯度 $\dfrac{\delta J(\boldsymbol{\theta})}{\delta \boldsymbol{\theta}^{(1)}}$：

$$\begin{aligned} J(\boldsymbol{\theta}) &= -\frac{1}{m} \left[\sum_{i=1}^{m} y^i \lg(g(\boldsymbol{\theta}^{(2)}\boldsymbol{a}^{(2)})) + (1-y^i)\lg(1-g(\boldsymbol{\theta}^{(2)}\boldsymbol{a}^{(2)})) \right] \\ &= -\frac{1}{m} \left[\sum_{i=1}^{m} y^i \lg(g(\boldsymbol{\theta}^{(2)}g(\boldsymbol{\theta}^{(1)}\boldsymbol{x}))) + (1-y^i)\lg(1-g(\boldsymbol{\theta}^{(2)}g(\boldsymbol{\theta}^{(1)}x))) \right] \end{aligned} \tag{1.64}$$

求导：

$$
\begin{aligned}
\frac{\delta J(\theta)}{\delta \theta^{(1)}} &= -\frac{1}{m}\sum_{i=1}^{m}\frac{\delta}{\delta \theta^{(1)}}\Big[y^{i}\lg(g(g(\theta^{(2)}g(\theta^{(1)}x)))) + (1-y^{i})\lg(1-g(g(\theta^{(2)}g(\theta^{(1)}x))))\Big] \\
&\quad \cdot \frac{\delta}{\delta \theta^{(1)}}\Big[y^{i}\lg(g(g(\theta^{(2)}g(\theta^{(1)}x)))) + (1-y^{i})\lg(1-g(g(\theta^{(2)}g(\theta^{(1)}x))))\Big] \\
&= y^{i}\cdot\frac{1}{g(\theta^{(2)}g(\theta^{(1)}x))}\,g'(\theta^{(2)}g(\theta^{(1)}x))\cdot\theta^{(2)}\cdot g'(\theta^{(1)}x)\cdot x + (1-y^{i})\cdot \\
&\quad \frac{1}{1-g(\theta^{(2)}g(\theta^{(2)}x))}\cdot(-1)\cdot g'(\theta^{(2)}g(\theta^{(1)}x))\cdot\theta^{(2)}\cdot g'(\theta^{(1)}x)\cdot x \\
&= y^{i}\cdot\frac{1}{a^{(3)}}\cdot a^{(3)}(1-a^{(3)})\cdot\theta^{(2)}\cdot a^{(2)}(1-a^{(2)})\cdot x + (1-y^{i})\cdot\frac{1}{1-a^{(3)}}\cdot \\
&\quad (-1)\cdot a^{(3)}(1-a^{(3)})\cdot\theta^{(2)}\cdot a^{(2)}(1-a^{(3)})\cdot x \\
&= (y^{i}-a^{(3)})\cdot\theta^{(2)}\cdot a^{(2)}(1-a^{(2)})\cdot x \qquad (1.65)
\end{aligned}
$$

则

$$
\begin{aligned}
\frac{\delta J(\theta)}{\delta \theta^{(1)}} &= -\frac{1}{m}\sum_{i=1}^{m}(y^{i}-a^{(3)})\cdot\theta^{(3)}\cdot a^{(2)}(1-a^{(2)})\cdot x \\
&= \frac{1}{m}\sum_{i=1}^{m}(a^{(3)}-y^{i})\cdot\theta^{(2)}\cdot a^{(2)}(1-a^{(2)})\cdot x \\
&= \frac{1}{m}\sum_{i=1}^{m}\delta^{(3)}\cdot\theta^{(2)}\cdot g'(z^{(2)})\cdot x \\
&= \frac{1}{m}\sum_{i=1}^{m}\delta^{(2)}\cdot a^{(1)} \qquad (1.66)
\end{aligned}
$$

可以得出，第 k 层的梯度可以根据第 $k+1$ 层的损失来计算。至此，反向传播推导过程结束。

1.3.5 神经网络算法小结

1）理论上，单隐藏层神经网络可以逼近任何连续函数（只要隐藏层的神经元个数足够多）。

2）对于一些分类数据，3 层神经网络效果优于 2 层神经网络，但如果把层数持续增加（4、5、6 层），对最后结果的帮助并没有那么显著。

3）提升隐藏层数量或者隐藏层神经元个数，神经网络的"容量"会变大，空间表达能力也会变强。

4）过多的隐藏层和神经元节点会带来过拟合问题。

5）不要试图降低神经网络参数量来减缓过拟合，可以用正则化或者 dropout 层。简单来说，正则化是一种为了减小测试误差的行为（有时候会增加训练误差）。我们在构造机器学习模型时，最终目的是让模型在面对新数据的时候，可以有很好的表现。当用比较复杂的模型（比如神经网络）去拟合数据时，很容易出现过拟合现象（训练集表现很好，测试集表现较差），这会导致模型的泛化能力下降，这时候，就需要使用正则化降低模型的复杂度。dropout 是指在神经网络训练过程中，对于神经网络训练单元，按照一定的概率将其从网络中移除，对于随机梯度下降来说，由于是随机丢弃，故而每一个小批次（mini-batch）

都在训练不同的网络。

1.4　深度学习

1.4.1　深度学习模型

深度学习是对人工神经网络的发展，近期赢得了很多关注。深度学习获得发展的原因如下：大规模高质量标注数据集的出现；并行运算（例如 GPU）的发展；更好的非线性激活函数［线性整流函数（rectified linear units，ReLU）代替逻辑回归（logistic regression）］的使用；更多的优秀网络结构（如 ResNet、GoogleNet、AlexNet 等）的发明；深度学习开发平台（如 TensorFlow、PyTorch、Theano 和 MXNet 等）的发展；新的正则化技术（如批标准化、Dropout 等）的出现；更多稳健的优化算法（如 SGD 的变种：RMSprop、Adam 等）的出现。

图 1.17 是一个深度神经网络，包括 1 个输入层、3 个隐藏层和 1 个输出层。根据普适逼近原理，一个具有有限数目神经元隐藏层的神经网络可以经训练逼近任意随机函数。换句话说，一层隐藏层就强大到可以学习任何函数了。这说明我们在多隐藏层的实践中可以得到更好的结果。与其他较经典的机器学习算法相比，如支持向量机[5]和随机森林[6]，深度学习具有一些优势：处理复杂问题的能力较强；能充分逼近复杂的非线性关系；不需要过多关注样本特征。

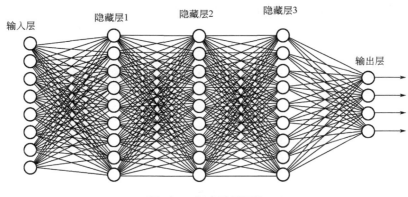

图 1.17　深度神经网络

定义一个深度学习模型，通常需要解决激活函数、损失函数、优化策略 3 个问题。

1. 激活函数

激活函数的功能是在线性模型的基础上加上非线性因素，一般有 sigmoid、tanh 和 ReLU。

① sigmoid 函数　把一个实数压缩至 0～1 之间，即函数输出结果的范围为[0, 1]。输入的数字如果是非常大的正数，结果会接近 1；如果是非常大的负数，结果则会接近 0。其数学表达式为

$$S(x) = \frac{1}{1 + e^{-x}} \tag{1.67}$$

② tanh 双曲正切函数　输出结果的范围为[-1, 1]。与 sigmoid 函数相比，tanh 函数收敛速度更快，并且以零点为对称中心。其数学表达式为

$$\tanh = \frac{\sinh x}{\cosh x} = \frac{e^x - e^{-x}}{e^x + e^{-x}} \tag{1.68}$$

③ ReLU 函数　是深度学习模型的默认激活函数。相比于 sigmoid 函数和 tanh 函数，ReLU 函数能快速达到收敛状态，计算简单，不涉及成本高昂的计算，可以有效地缓解梯度消失的问题；并且提供稀疏表达能力，模拟人类大脑神经元的实际活动。其数学表达式为

$$f(x) = \max(x, 0) \quad \text{当} x > 0 \text{时，输出} x \text{；当} x < 0 \text{时，输出} 0 \tag{1.69}$$

2. 损失函数

损失函数是神经网络优化的目标函数。常用的损失函数如下。

① 均方误差损失函数　预测值和真值的欧式距离越大，损失就越大，反之就越小。

$$\text{loss}(y, \hat{y}) = \frac{1}{2m} \sum_{i=1}^{m} (y_i - \hat{y}_i)^2 \tag{1.70}$$

式中，y 为实际值；m 为样本个数；$\hat{y}$ 为预测值。

② 交叉熵损失函数　来源于信息论中熵的概念。

$$\text{loss}(y, \hat{y}) = -\frac{1}{m}\left(\sum_{i=1}^{m} y_i \lg a + (1 - y_i)\lg(1 - a)\right) \tag{1.71}$$

式中，a 为神经网络的输出。

③ 对数似然函数　与输出层 Softmax 激活函数结合使用，使用在多分类问题中。

$$\text{loss}(y, \hat{y}) = -\sum_k \hat{y}_k \lg a_k \tag{1.72}$$

式中，k 为神经元的个数；$\hat{y}_k$ 表示第 k 个神经元对应的真实值，取值为 0 或 1；a_k 表示第 k 个神经元的输出值。

3. 优化策略

最简单的优化策略是用梯度下降。

在深度学习中，模型的问题最终可以转化成下面的优化问题：

$$\min_{\theta \in \Omega} J(\theta) = \frac{1}{N} \sum_{i=1}^{N} J(\boldsymbol{x}_i; \theta) \tag{1.73}$$

式中，θ 是要学习的参数；N 是训练样本的数量。实际应用中 N 非常大，这样使得计算一次梯度 ∇J 的代价太大，所以一般随机抽取其中一个子集去估计梯度，即随机梯度：

$$g_t = \frac{1}{|S_t|} \sum_{j \in S_t} \nabla J(\boldsymbol{x}_j; \theta) \tag{1.74}$$

式中，g_t 是梯度；θ 是要学习的参数。

（1）随机梯度算法

经典的随机梯度算法迭代公式如下：

$$\theta_t = \theta_{t-1} - a_t g_t \tag{1.75}$$

式中，a_t 是第 t 步的学习率（learning rate）。

在实际应用中，带动量的随机梯度算法效果更好，公式如下：

$$\begin{cases} v_t = \gamma v_{t-1} + g_t \\ \theta_t = \theta_{t-1} - a_t v_t \end{cases} \tag{1.76}$$

式中，v_{t-1} 是本次更新之前的动量。动量其实是负梯度（梯度方向表示上升最快的方向，反方向表示下降最快的方向）的指数加权平均。

在神经网络的训练过程中，学习率对模型效果有显著影响，目标函数对参数设置敏感度差异巨大。学习率是比较难设置的，通常在迭代过程中通过自动设置学习率的优化方法提高学习效率。常用的自适应学习率的优化方法有以下算法：

① AdaGrad 算法　AdaGrad 算法单独设定每一个模型参数的学习率。方法是缩放每个参数反比于其所有梯度历史平方值总和的平方根。其效果体现在参数空间中更为平缓的倾斜方向会取得更大的进步。

② RMSprop 算法　RMSprop 算法与 AdaGrad 算法一致，由梯度的历史信息自动调整学习率大小，同时考虑历史梯度平均值和当前梯度平方和。

③ AdaDelta 算法　AdaDelta 算法使用每步迭代中参数的更新值信息调整学习率，历史梯度的影响随着时间指数衰减，解决了学习率过早和过量减少的问题（与 AdaGrad 算法比较）。

④ Adam 算法　Adam 算法是最近提出的一种自适应选择学习率算法，综合使用当前梯度和历史梯度决定参数更新方向。

（2）批标准化

批标准化（batch normalization，BN）是优化深度学习模型有效的策略之一，几乎成为常用网络结构的标准配置。批标准化减少了多层之间协调更新的问题。协调更新是指某一层输入分布的改变会逐级传递并影响其他层次。

批标准化流程如下：

1）计算小批次样本的均值和方差：

$$\mu_B = \frac{1}{m}\sum_{i=1}^{m} x_i, \quad \sigma_B^2 = \frac{1}{m}\sum_{i=1}^{m}(x_i - \mu_B)^2 \tag{1.77}$$

2）对小批次上的输入范式化：

$$\hat{x}_i = \frac{x_i - \mu_B}{\sqrt{\sigma_B^2 + \delta}} \tag{1.78}$$

3）调整规范化输出：

$$y_i = \gamma \hat{x}_i + \beta \tag{1.79}$$

批标准化是神经网络中的单独一层，通常在全连接层（fully connected，FC）或卷积层（convolution layer）之后，非线性激活之前。BN 算法是一种重新参数化的策略，用来解决深层模型训练问题。批标准化的优点是允许更大的学习率，减小了对参数初始化的依赖，略微降低了对 Dropout 的需要。

1.4.2　深度学习应用

深度学习的算法大多数是半监督学习算法，用来处理存在少量未标识数据的大数据集。深度学习的算法已被应用到图像分类[7]、人脸识别[8]、自然语言处理[9]、语音识别[10]等领域，并取得了极好的效果。常见的深度学习算法包括受限玻尔兹曼机（restricted Boltzmann machine，RBN）、深度置信网络（deep belief networks，DBN）、卷积神经网络（convolutional neural network，CNN）、堆栈式自动编码器（stacked auto-encoders）、循环神经网络（recurrent neural network，RNN）等。

深度学习在计算机视觉和语音识别中取得的效果证实了其能够提高大数据识别的精度。随着生物数据以指数方式递增，生物信息领域的学者开始研究并应用深度学习解决生物信息中的问题。2013 年，Eickholt 等利用深度网络预测了蛋白质三级结构中无序的区域，预测精度达到 0.82[11]。 2015 年，Zeng Tao 研究组从小鼠大脑的 ISH 图像中提取特征，使用卷积神经网络注释小鼠大脑中的基因表达模式[12]。2016 年，Nguyen 研究组将 DNA 序列转换成文本数据，结合卷积神经网络进行 DNA 序列的分类[13]。 2016 年，Zeng Haoyang 等架构了不同规模的卷积神经网络模型，使用 one-hot 向量表征 DNA 序列中的碱基，预测了大量转录因子数据库中的 DNA 结合蛋白[14]。 2016 年，Quang 等使用卷积神经网络和双向的长短时记忆模型（long short-term memory，LSTM）的循环神经网络预测 DNA 中非编码序列的功能，取得了较好的效果[15]。

1.5 强化学习

首先介绍一下强化学习的基本概念。

① 智能体（agent） 用来执行动作（action）、接收观察（observation）、接收奖励（reward）。智能体的工作是最大化积累奖励。

② 奖励信号 r_t 是一个反馈信号，是一个标量，表示智能体在第 t 步的表现如何。

③ 环境（environment） 用来接收动作 a_t，释放观察 O_{t+1}，释放标量奖励信号 r_{t+1}。

④ 经验（experience） 是一种包含观察、动作、奖励的顺序序列：O_1，r_1，a_1,…，a_{t-1}，O_t，r_t。

⑤ 状态（state） 是关于经验的总结：$S_t = f(O_1，r_1，a_1,…，a_{t-1}，O_t，r_t)$。在完全可观察的环境中，$S_t = f(O_t)$。

⑥ 智能体状态（agent state） S_t^a 表示智能体使用何种数据执行动作。

⑦ 环境状态（environmental state） S_t^e 表示环境采用哪种数据来产生观察和奖励信号。

一个强化学习智能体由以下部分组成：

① 策略（policy） 智能体的行为函数（behavior function），是一种从状态到动作的映射，分为确定性策略 $a = \pi(S)$ 和随机性策略 $\pi(a \mid s) = P[A_t = a \mid S_t = s]$。

② 值函数（value function） 评价智能体的每个状态/动作，是对未来奖励的一种预测。在状态 s 下，表示智能体执行动作 a 能获得多少奖励。

常用的 Q-value 函数的形式如下：

$$Q^\pi(s，a) = E[r_{t+1} + \gamma r_{t+2} + \gamma^2 r_{t+3} + \cdots \mid s，a]$$

代表在策略 π 下，从状态 s 以及动作 a 开始获得的所有奖励的期望，这里 γ 表示折扣因子。

最优值函数是最大的可取值，

$$Q^*(s，a) = \max_\pi Q^\pi(s，a) = Q^{\pi^*}(s，a)$$

如果得到最优值函数，可以选择最优的动作

$$\pi^*(s) = \operatorname{argmax}_a Q^*(s, a)$$

那么，最优值可以写为

$$Q^*(s, a) = r_{t+1} + \gamma \max_{a_{t+1}} r_{t+2} + \gamma^2 \max_{a_{t+2}} r_{t+3} + \cdots = r_{t+1} + \gamma \max_{a_{t+1}} Q^*(s_{t+1}, a_{t+1})$$

③ 模型（model）　智能体关于环境的表示，预测环境下一步要做什么，预测状态和奖励信号。

图 1.18 是一个强化学习模型。强化学习是智能体以"试错"的方式进行学习，通过与环境进行交互获得的奖赏指导行为，目标是通过采取行动使智能体获得最大的奖励。强化学习不同于连接主义学习中的监督学习，主要表现在强化信号上。强化学习中由环境提供的强化信号是对产生动作的好坏作一种评价（通常为标量信号），而不是告诉强化学习系统（reinforcement learning system，RLS）如何去产生正确的动作。由于外部环境提供的信息很少，RLS 必须靠自身的经历进行学习。通过这种方式，RLS 在行动-评价的环境中获得知识，改进行动方案以适应环境。

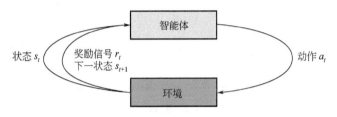

图 1.18　强化学习模型

强化学习具有以下特点：没有监督者（supervisor），只有奖励信号；反馈（feedback）有延迟，不是实时发生的；数据集包括时间维度，即数据集为序列型数据；智能体的动作会对之后接收的数据产生影响。

强化学习主要分为三类，分别是：基于值函数的强化学习，估计最优值函数 $Q^*(s, a)$；基于策略的强化学习，直接搜索最优策略 π^*；基于模型的强化学习，构建关于环境的模型，并且使用模型进行规划。

深度强化学习则是将深度神经网络与强化学习相结合的产物。一方面，深度神经网络可以帮助强化学习主体建立大局观的直觉性思维，从而减少主体的搜索区域；另一方面，强化学习算法通过不断与环境反馈和试错，为深度神经网络提供了大量的训练数据。强化学习与深度神经网络的结合，可以让机器在具有自学习能力的同时，还具有较高的评估准确率。图 1.19 是一个深度强化学习框架，强化学习可以为深度学习提供所缺乏的决策能力，而深度学习为强化学习提供了信息，两者相互结合使得网络安全态势评估更加快速与准确。

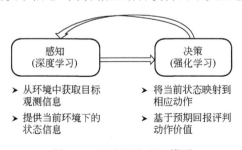

图 1.19　深度强化学习模型

本章小结

本章主要介绍了几种常用的机器学习算法，包括聚类算法、支持向量机、神经网络、深度学习和强化学习，并分别介绍了这几种算法的原理、判别函数、目标函数以及模型中参数优化的方法。

参考文献

[1] SHERLOCK G. Analysis of large-scale gene expression data [J]. Current Opinion in Immunology，2000，12：201-205.

[2] QUACKENBUSH J. Computational analysis of microarray data [J]. Nature Reviews Genetics，2001，2：418-427.

[3] EISEN M B，SPELLMAN P T，BROWN P O，et al. Cluster analysis and display of genome-wide expression pattern [J]. Proceeding of the National Academy of Sciences, 1998，95（25）：14863-14868.

[4] THOMAS W. Target gene identification from expression array data by promoter analysis [J]. Biomolecular Engineering，2001，17：87-94.

[5] KIM S，YU Z，KIL R M，et al. Deeping learning of support vector machines with class probability output networks [J]. Neural Networks，2015，64：19-28.

[6] HU X K，FAN H C，NOSKOV A，et al. Room semantics inference using random forest and relational graph convolutional networks：A case study of research building [J]. Transactions in GIS，2021，25（1）：71-111.

[7] KRIZHEVSKY A，SUTSKEVER I，HINTON G E. ImageNet classification with deep convolutional neural networks [J]. Advances in Neural Information Processing Systems, 2012：1097-1105.

[8] YOUSAF A，KHAN M J，KHAN M J. A robust and efficient convolutional deep learning framework for age invariant face recognition [J]. Expert Systems，2020，37（3）：e12503.

[9] BILSKI J，RUTKOWSKI L，SMOLAG J，et al. A novel method for speed training acceleration of recurrent neural networks [J]. Information Science，2021，553：266-279.

[10] DAHL G E，YU D，DENG L，et al. Context-dependent pre-trained deep neural networks for large-vocabulary speech recognition [J]. IEEE Transactions On Audio，Speech，And Language Processing，2012，20（1）：30-42.

[11] EICKHOLT J，CHENG J. DNdisorder：predicting protein disorder using boosting and deep networks [J]. BMC Bioinformatics，2013，14：88-97.

[12] ZENG T，LI R J，MUKKAMALA R，et al. Deep convolutional neural networks for annotating gene expression patterns in the mouse brain [J]. BMC Bioinformatics，2015，16：147-156.

[13] NGUYEN N G，TRAN V A，NGO D L，et al. DNA sequence classification by convolutional neural network [J]. Journal of Biomedical Science and Engineering , 2016，9：280-286.

[14] ZENG H Y，EDWARDS M D，LIU G，et al. Convolutional neural network architectures for predicting DNA–protein binding [J]. Bioinformatics，2016，32（12）：i121-i127.

[15] QUANG D，XIE X H. DanQ：a hybrid convolutional and recurrent deep neural network for quantifying the function of DNA sequences [J]. Nucleic Acids Research，2016，44（11）：e107.

第2章　深度学习中的优化技术

深度学习算法在许多情况下都涉及优化。我们经常使用解析优化去证明或设计算法。在深度学习所涉及的诸多优化问题中，最难的是神经网络训练。神经网络训练的代价往往很高，甚至会用几百台机器投入几天到几个月时间来解决单个神经网络训练问题。由于神经网络训练的重要性和极高的代价，研究者们专门开发了一组优化技术。

从数学角度看，优化理论就是研究如何在状态空间中寻找到全局最优点。一般的优化具有以下形式：

$$\begin{cases} \min f(\boldsymbol{x}_1, \boldsymbol{x}_2, \cdots, \boldsymbol{x}_n) \\ \text{s.t.} \quad g(\boldsymbol{x}) \geqslant 0, \boldsymbol{x} \in D \end{cases} \tag{2.1}$$

式中，$\boldsymbol{x}_1, \boldsymbol{x}_2, \cdots, \boldsymbol{x}_n \in D$（即问题可行域，代表参数的选择范围）；$f(\boldsymbol{x})$ 是决策问题的数学模型（目标函数）；$g(\boldsymbol{x}) \geqslant 0$ 是决策问题的约束条件；$\boldsymbol{x}$ 是决策问题的决策变量；D 是决策问题的定义域（可行域）。

求问题的最大和最小是同一个问题，算法完全一样，最大化算法可经由最小化算法 $-f(\boldsymbol{x})$ 来实现。

2.1　优化模型与优化算法

1. 优化模型及分类

1）根据是否存在约束条件，优化模型分为有约束模型和无约束模型。注意：有约束问题通常采用转换方法，将有约束模型转换为无约束模型再求解。

2）根据目标函数和约束条件表达式的性质，优化模型分为线性规划、非线性规划、二次规划、多目标规划等。

3）根据决策变量的连续性，优化模型分为连续性优化模型和离散性优化模型。

2. 优化算法及分类

专门用于求解优化模型的方法叫作优化算法。优化算法可分为两大类。

（1）梯度类算法

梯度类算法包括梯度下降（gradient descent，GD）算法、牛顿法、二分法、共轭梯度法、单纯形法等。该类算法也称为局部优化算法，明显的缺陷是局部优化。

（2）非梯度类算法

非梯度类算法分为遍历搜索算法和随机搜索算法。

遍历搜索算法：在组合优化中称为穷举法，计算量大，适用于小规模计算求解。

随机搜索算法：又称为现代优化算法，是一类全局最优算法，包括遗传算法、模拟退火算法、群类算法、禁忌搜索法等。

2.2 优化算法

2.2.1 损失函数和风险函数

梯度下降法通过调整这些参数，使模型的输出符合实际的数据（在神经网络中就是学习数据），从而确定数学模型，这个过程在数学上称为最优化，在神经网络的世界中则称为学习。损失函数（loss function）又称代价函数（cost function），用来评价模型的预测值和真实值不一样的程度。按照什么样的准则学习或选择最优的模型呢？神经网络的参数是通过将损失函数最小化来确定的。

1. 损失函数

损失函数用来度量预测错误的程度。优化算法的目标就是寻找神经网络上的一组参数 $\boldsymbol{\theta}$，它能显著地降低损失函数。对于给定的输入 $\boldsymbol{x}$，给出相应的输出 $f(\boldsymbol{x})$，这个输出的预测值 $f(\boldsymbol{x})$ 与真实值 y 可能一致，也可能不一致。损失函数是用来表示 $f(\boldsymbol{x})$ 与 y 的关系的非负实值函数，记作 $L(f(\boldsymbol{x}; \boldsymbol{\theta}), y)$。常用的损失函数如下。

① 0-1 损失函数　0-1 损失是指预测值和目标值不相等为 1，否则为 0。表达式为

$$L(f(\boldsymbol{x}; \boldsymbol{\theta}), y) = \begin{cases} 1, & y \neq f(\boldsymbol{x}; \boldsymbol{\theta}) \\ 0, & y = f(\boldsymbol{x}; \boldsymbol{\theta}) \end{cases}$$

② 平方损失函数　平均损失函数是指预测值与实际值差的平方。表达式为

$$L(f(\boldsymbol{x}; \boldsymbol{\theta}), y) = (y - f(\boldsymbol{x}; \boldsymbol{\theta}))^2$$

③ 绝对值损失函数　绝对值损失函数是指计算预测值与目标值的差的绝对值。表达式为

$$L(f(\boldsymbol{x}; \boldsymbol{\theta}), y) = |y - f(\boldsymbol{x}; \boldsymbol{\theta})|$$

④ 对数损失函数　对数损失函数能非常好地表征概率分布，在很多场景尤其是多分类，如果需要知道结果属于每个类别的置信度，那么它非常适合。表达式为

$$L(y, P(y \mid \boldsymbol{x})) = -\lg P(y \mid \boldsymbol{x})$$

2. 风险函数

风险函数是损失函数的期望，表达平均意义上的模型预测的好坏。损失函数值越小，模型就越好。由于模型的输入和输出 $(\boldsymbol{x}, y)$ 是随机变量，遵循联合分布 $P(\boldsymbol{x}, y)$，所以损失函数的期望值为式（2.2），这是理论上模型 $f(\boldsymbol{x})$ 关于联合分布 $P(\boldsymbol{x}, y)$ 的平均意义下的损失，称为风险函数（risk function）或期望损失（expected loss）。

$$R_{\exp}(f) = E_p[L(f(\boldsymbol{x}; \boldsymbol{\theta}), y)] = \int_{\boldsymbol{x} \times y} L(f(\boldsymbol{x}; \boldsymbol{\theta}), y) P(\boldsymbol{x}, y) \mathrm{d}\boldsymbol{x}\mathrm{d}y \tag{2.2}$$

2.2.2 学习的目标

学习的目标就是选择期望风险最小的模型。由于联合分布 $P(\boldsymbol{x}, y)$ 是未知的，$R_{\exp}(f)$ 不能直接计算。假如知道了联合分布 $P(\boldsymbol{x}, y)$，可以从联合分布直接求出条件概率分布

$P(y\,|\,\boldsymbol{x})$，也就不需要学习了。正因为不知道联合概率分布，所以才需要进行学习。可以看出，一方面根据期望风险最小学习模型要用到联合分布，另一方面联合分布又是未知的，所以监督学习就成为一个病态问题。在统计学中有一个大数定律，可以在输入输出空间中取一个足够大的样本，用这个样本来近似地计算风险函数。基于这样的想法，我们对于含有 N 组数据的训练集，定义经验风险函数。

（1）经验风险函数

给定一个训练数据集

$$T = \{(x_1,\ y_1),(x_2,\ y_2),\cdots,(x_N,\ y_N)\}$$

模型 $f(\boldsymbol{x};\ \boldsymbol{\theta})$ 关于训练数据集的平均损失称为经验风险（empirical risk）或者经验损失（empirical loss），记作 R_{emp}：

$$R_{emp}(f) = \frac{1}{N}\sum_{i=1}^{N}L(f(\boldsymbol{x}_i;\ \boldsymbol{\theta}),\ y_i) \tag{2.3}$$

期望风险 $R_{exp}(f)$ 是模型关于联合分布的期望损失，经验风险 $R_{emp}(f)$ 是模型关于训练样本集的平均损失。根据大数定律，当样本容量 N 趋于无穷时，经验风险 $R_{emp}(f)$ 则趋于期望风险 $R_{exp}(f)$。所以一个很自然的想法是用经验风险估计期望风险。但是，由于现实中的训练样本数目有限，甚至很小，所以用经验风险估计期望风险常常并不理想，要对经验风险进行一定的矫正。这就关系到监督学习的两个基本策略：经验风险最小化和结构风险最小化。

（2）经验风险最小化

在假设空间、损失函数以及训练数据集确定的情况下，经验风险函数式就可以确定。经验风险最小化的策略认为，经验风险最小的模型是最优的模型。根据这一策略，按照经验风险最小化求解最优模型就是求解最优化问题：

$$\min \frac{1}{N}\sum_{i=1}^{N}L(f(\boldsymbol{x}_i;\ \boldsymbol{\theta}),\ y_i) \tag{2.4}$$

当样本容量足够大时，经验风险最小化能保证很好的学习效果，在现实中被广泛采用。比如，极大似然估计就是经验风险最小化的一个例子。当模型是条件概率分布、损失函数是对数函数时，经验风险最小化就等价于极大似然估计。但是，当样本空间很小时，经验风险最小化学习的效果就未必很好，会产生过拟合现象。

（3）结构风险最小化

结构风险最小化（structural risk minimization，SRM）是为了防止过拟合而提出来的策略。结构风险最小化等价于正则化（regularization）。结构风险在经验风险上加上表示模型复杂度的正则项或者罚项。在假设空间、损失函数以及训练数据集确定的情况下，结构风险的定义为

$$R_{srm}(f) = \frac{1}{N}\sum_{i=1}^{N}L(f(\boldsymbol{x}_i;\ \boldsymbol{\theta}),\ y_i) + \lambda J(f) \tag{2.5}$$

式中，$J(f)$ 为模型的复杂度，是定义在假设空间 F 上的泛函（泛函通常是指一种定义域为函数，而值域为实数的"函数"。换句话说，就是从函数组成的一个向量空间到实数的一个映射。也就是说，它的输入为函数，而输出为实数）。模型 f 越复杂，复杂度 $J(f)$ 就越大；

反之，模型 f 越简单，复杂度 $J(f)$ 就越小。也就是说，复杂度表示了对复杂模型的惩罚。$\lambda \geq 0$ 是系数，用于权衡经验风险和模型的复杂度。结构风险小，则需要经验风险与模型复杂度同时小。结构风险小的模型往往对训练数据以及未知的测试数据有较好的预测。

比如，贝叶斯估计中的最大后验概率（maximum posterior probability，MAP）估计就是结构风险最小化的一个例子。当模型是条件概率分布、损失函数是对数损失函数、模型复杂度由模型的先验概率表示时，结构风险最小化等价于最大后验概率估计。

结构风险最小化的策略认为结构风险最小化的模型是最优的模型。所以，求最优模型就是求解最优化问题：

$$\min \frac{1}{N} \sum_{i=1}^{N} L(f(\boldsymbol{x}_i;\ \boldsymbol{\theta}),\ y_i) + \lambda J(f)$$

这样，监督学习问题就变成了经验风险或者结构风险函数的最优化问题。这时经验风险或结构风险函数是最优化的目标函数。

2.2.3 基本优化算法

1. 梯度下降算法

梯度下降算法[1-3]是最小化风险函数和损失函数的一种常用方法，也是求解无约束最优化问题的一阶最优化算法，又称最速下降法。梯度下降算法基于以下观察：若实值函数 $f(\boldsymbol{x})$ 在点 a 处可微且有定义，那么函数 $f(\boldsymbol{x})$ 在 a 点沿着梯度相反的方向 $-\nabla f(\boldsymbol{x})$ 下降最快。

假设 $f(\boldsymbol{x})$ 是具有一阶连续偏导数的函数，梯度下降算法求解的无约束最优化问题是

$$\min_{\boldsymbol{x}} f(\boldsymbol{x})$$

梯度下降算法是一种迭代算法。由于 $f(\boldsymbol{x})$ 具有一阶连续偏导数，若第 k 次迭代值为 $\boldsymbol{x}^{(k)}$，则可将 $f(\boldsymbol{x})$ 在 $\boldsymbol{x}^{(k)}$ 附近进行一阶泰勒展开：

$$f(\boldsymbol{x}) = f(\boldsymbol{x}^{(k)}) + \boldsymbol{g}_k^{\mathrm{T}}(\boldsymbol{x} - \boldsymbol{x}^{(k)}) \tag{2.6}$$

式中，$\boldsymbol{g}_k^{\mathrm{T}} = \boldsymbol{g}(\boldsymbol{x}^{(k)}) = \nabla f(\boldsymbol{x}^{(k)})$，为 $f(\boldsymbol{x})$ 在 $\boldsymbol{x}^{(k)}$ 的梯度。

求出第 $k+1$ 次迭代值 $\boldsymbol{x}^{(k+1)}$：

$$\boldsymbol{x}^{(k+1)} = \boldsymbol{x}^k + \lambda_k P_k \tag{2.7}$$

式中，λ_k 为步长或学习率，由一维搜索确定；P_k 是搜索方向。

取使函数值下降最快的负梯度方向 $P_k = -\nabla f(\boldsymbol{x}^k)$，则

$$\boldsymbol{x}^{(k+1)} = \boldsymbol{x}^k - \lambda_k \nabla f(\boldsymbol{x}^{(k)}) \tag{2.8}$$

此式作为迭代公式的算法就是梯度下降算法。

于是

$$f(\boldsymbol{x}^k - \lambda_k \nabla f(\boldsymbol{x}^{(k)})) = \min_{\lambda \geq 0} f(\boldsymbol{x}^k + \lambda P_k) \tag{2.9}$$

当目标函数是凸函数时，梯度下降算法的解是全局最优的。

若目标函数 $f(\boldsymbol{x})$ 二阶连续可微时，可使用牛顿法进行求解。牛顿法是典型的二阶方法，

也是迭代算法，虽然其迭代次数远小于梯度下降算法，但是需要求解目标函数的黑塞矩阵的逆矩阵，计算代价高。尤其对于高维问题，黑塞矩阵的逆矩阵计算几乎变得不可行。通常采用寻找黑塞矩阵的近似逆矩阵的方法，降低计算开销，这种方法叫作拟牛顿法。

2. 随机梯度下降算法

在深度学习中，基本不会使用梯度下降算法，而是使用它的变种——随机梯度下降算法[1-3]（stochastic gradient descent，SGD）。设 $f_i(\boldsymbol{x})$ 是有关索引为 i 的训练样本的函数，n 是训练数据样本数，$\boldsymbol{x}$ 是模型的参数向量，那么目标函数定义为

$$f(\boldsymbol{x}) = \frac{1}{n}\sum_{i=1}^{n}f_i(\boldsymbol{x}) \tag{2.10}$$

目标函数在 $\boldsymbol{x}$ 处的梯度计算为

$$\nabla f(\boldsymbol{x}) = \frac{1}{n}\nabla f_i(\boldsymbol{x}) \tag{2.11}$$

如果使用梯度下降，每次自变量迭代的计算开销 $O(n)$ 随着 n 线性增长。因此，当训练样本数很大时，梯度下降每次迭代的计算开销很高。

随机梯度下降减少了每次迭代的计算开销。在随机梯度下降的每次迭代中，随机均匀采样的一个样本索引 $i \in \{1,\cdots, n\}$，并计算梯度 $\nabla f_i(\boldsymbol{x})$ 来迭代 $\boldsymbol{x}$：

$$\boldsymbol{x} \leftarrow \boldsymbol{x} - \eta\nabla f_i(\boldsymbol{x}) \tag{2.12}$$

这里的 η 是学习率。另外，需要注意的是，随机梯度 $\nabla f_i(\boldsymbol{x})$ 是对梯度 $\nabla f(\boldsymbol{x})$ 的无偏估计：

$$E_i\nabla f_i(\boldsymbol{x}) = \frac{1}{n}\sum_{i=1}^{n}\nabla f_i(\boldsymbol{x}) = \nabla f(\boldsymbol{x}) \tag{2.13}$$

随机梯度是对梯度的一个良好的估计。

3. 动量算法

除了调整学习率以外，还可以进行梯度估计（gradient estimation）的修正。动量算法（momentum method）是用之前积累的动量来对当前的梯度进行修正。

在第 t 次迭代时，计算负梯度的"加权移动平均"作为参数的更新方向，则更新差值为

$$\Delta\boldsymbol{\theta}_t = \rho\Delta\boldsymbol{\theta}_{t-1} - \alpha\boldsymbol{g}_t = -\alpha\sum_{\tau=1}^{t}\rho^{t-\tau}\boldsymbol{g}_\tau \tag{2.14}$$

式中，ρ 为动量因子，通常设为 0.9；α 为学习率；$\boldsymbol{g}_\tau$ 表示第 τ 轮迭代的动量。

由式（2.14）可知，每个参数的实际更新差值取决于最近一段时间内梯度的加权平均值。当某个参数在最近一段时间内的梯度方向与当前的梯度方向一致时，那么使用动量算法之后的更新差值就会增大，起到了加速梯度下降的作用；若是某个参数在最近一段时间内梯度方向与 t 时刻的梯度方向不一致，使用动量算法之后的更新差值就会减小，梯度下降的速度也会减小。

4. 自适应学习率算法

在神经网络训练中，学习率是难以设置的超参数之一，因为它对模型的性能具有显著的影响。一般来说，损失通常高度敏感于参数空间中的某些方向，而不敏感于其他。动量算法可以在一定程度上缓解这些问题，但这样做的代价是引入了另一个超参数。那么，有

没有其他方法呢？如果我们相信方向敏感度在某种程度上是轴对齐的，那么每个参数设置不同的学习率，在整个学习过程中自动适应这些学习率是有道理的。下面介绍其中一些算法。

（1）自适应梯度下降算法

在标准的梯度下降算法中，每个参数在每次迭代时都使用相同的学习率。自适应梯度（adaptive gradient，AdaGrad）算法[4]是借鉴正则化的思想，每次迭代时自适应地调整每个参数的学习率。在第 t 次迭代时，先计算每个参数梯度平方的累计变量 G_t。

$$G_t \leftarrow g_\tau \odot g_\tau \tag{2.15}$$

式中，$\odot$ 为按元素乘积；$g_\tau \in \mathbb{R}^{|\theta|}$，是第 τ 次迭代时的梯度。

AdaGrad 算法的参数更新差值

$$\Delta \boldsymbol{\theta}_t = -\frac{\alpha}{\sqrt{G_t + \epsilon}} \odot g_\tau \tag{2.16}$$

即

$$\boldsymbol{x}_t \leftarrow \boldsymbol{x}_{t-1} - \frac{\alpha}{\sqrt{G_t + \epsilon}} \odot g_\tau \tag{2.17}$$

式中，α 是初始的学习率；ϵ 是为了保持数值稳定性而设置非常小的常数，一般取值 $\mathrm{e}^{-7} \sim \mathrm{e}^{-10}$。这里的开平方、除、加运算都是按元素进行的操作。

在自适应梯度下降算法中，如果某个参数的偏导数累积比较大，其学习率相对较小；相反，如果其偏导数累积较小，其学习率相对较大。但整体是随着迭代次数的增加，学习率逐渐缩小。

自适应梯度下降算法的优点是：前期 G_t 较小的时候，正则化值较大，能够放大梯度；后期 G_t 较大的时候，正则化值较小，能够约束梯度。处理稀疏梯度，相当于为每一维参数设定了不同的学习率，压制常常变化的参数，突出稀缺的更新，能够更有效地利用少量有意义样本。

自适应梯度下降算法的缺点是：计算时要在分母上计算梯度平方的和，由于所有的参数平方必为正数，这样就造成训练过程中，分母累积的和会越来越大。这样学习到后来的阶段，网络的更新能力会越来越弱，能学到的更多知识的能力也会越来越弱，因为学习率变得极其小时，就会提前停止学习。

（2）AdaDelta 算法

AdaDelta 算法是 AdaGrad 算法的一个改进。AdaDelta 算法通过梯度平方的指数衰减移动平均来调整学习率，另外 AdaDelta 算法还引入了每次参数更新差 $\Delta \theta$ 的平方的指数衰减移动平均。第 t 次迭代时，每次参数更新差 $\Delta \boldsymbol{\theta}_\tau (1 \leqslant \tau \leqslant t-1)$ 的平方的指数衰减移动平均 ΔX_{t-1} 为

$$\Delta X_{t-1}^2 = \beta_1 \Delta X_{t-2}^2 + (1-\beta_1) \Delta \boldsymbol{\theta}_{t-1} \odot \Delta \boldsymbol{\theta}_{t-1} \tag{2.18}$$

式中，β_1 为衰减率。AdaDelta 的算法更新差值为

$$\Delta \boldsymbol{\theta}_t = -\frac{\sqrt{\Delta X_{t-1}^2 + \epsilon}}{\sqrt{G_t + \epsilon}} g_t \tag{2.19}$$

式中，G_t 的计算方式和 RMSProp 算法一样［参见式（2.20）］。

（3）RMSProp 算法

RMSProp 算法[5]也是一种自适应学习率的方法，在一些情况下解决了 AdaGrad 算法中过早衰减的缺点。

RMSProp 算法首先计算每次迭代梯度 g_t 平方的指数衰减移动平均，即

$$G_t = \beta G_{t-1} + (1-\beta)g_t \odot g_t = (1-\beta)\sum_{\tau=1}^{t} \beta^{t-\tau} g_\tau \odot g_\tau \tag{2.20}$$

式中，β 为衰减率，一般取值为 0.9；$G_0 = 0$。

RMSProp 算法的参数更新差值为

$$\Delta \boldsymbol{\theta}_t = -\frac{\alpha}{\sqrt{G_t + \epsilon}} \odot g_t \tag{2.21}$$

即

$$\boldsymbol{x}_t \leftarrow \boldsymbol{x}_{t-1} - \frac{\alpha}{\sqrt{G_t + \epsilon}} \odot g_t \tag{2.22}$$

式中，α 是初始的学习率，比如 0.001。

可以看出，RMSProp 算法和 AdaGrad 算法的区别在于 G_t 的计算由累积方式变成了指数衰减移动平均。在迭代过程中，每个参数的学习率并不是呈衰减趋势，既可以变小也可以变大。AdaDelta 算法不需要设置学习率，将 RMSProp 算法中的学习率设置为 $\sqrt{\Delta X_{t-1}^2 + \epsilon}$，在一定程度上控制了学习率的波动。

由于 RMSProp 算法的更新只依赖于上一时刻的更新，因而对于循环神经网络的优化效果很好。

（4）Adam 算法

Adam 算法[6]结合了 RMSProp 算法和动量算法，采用了 RMSProp 算法中的自适应调整学习率，使用动量算法对梯度更新方向做调整。

$$M_{t-1} = \beta_1 M_{t-1} + (1-\beta_1)g_t \tag{2.23}$$

$$G_t = \beta_2 G_{t-1} + (1-\beta_2)g_t \odot g_t \tag{2.24}$$

式中，β_1 和 β_2 分别为两个移动平均的衰减率，通常取值为 $\beta_1 = 0.9$，$\beta_2 = 0.99$；可以把 M_t 和 G_t 分别看作梯度的均值（一阶矩）和未减去均值的方差（二阶矩）。

假设 $M_0 = 0$，$G_0 = 0$，那么在迭代初期 M_t 和 G_t 的值会比真实的均值和方差小，特别是当 β_1 和 β_2 都接近 1 时，偏差会很大。因此，需要对偏差进行修正。

$$\widehat{M}_t = \frac{M_t}{1-\beta_1^t} \tag{2.25}$$

$$\widehat{G_t} = \frac{G_t}{1 - \beta_2^t} \tag{2.26}$$

Adam 算法的参数更新差值为

$$\Delta\boldsymbol{\theta}_t = -\frac{\alpha}{\sqrt{\widehat{G_t} + \epsilon}}\widehat{M_t} \tag{2.27}$$

式中，学习率 α 通常设为 0.001，并且也可以进行衰减；最后用 $\Delta\boldsymbol{\theta}_t$ 迭代自变量。

Adam 算法的优点是，每一次迭代学习率都有一个明确的范围，使得参数变化很平稳，所以 Adam 算法是实际学习中最常用的优化算法。

5. 优化算法的选择

Schaul 等[7]展示了不同优化算法在大量学习任务上的价值比较，结果表明[8]：最流行的优化算法包括 SGD、AdaGrad、RMSProp 和 Adam。选择哪一个算法一般主要取决于使用者对算法的熟悉程度，以便调节超参数[9]。在实际应用中，可以参考以下几条规则选择优化算法：

1）对于稀疏数据，尽量使用学习率可自适应的优化方法，不用手动调节，而且最好采用默认值。

2）SGD 训练时间通常更长，但是在好的初始化和学习率调度方案的情况下（很多论文都用 SGD），结果更可靠。

3）如果在意收敛速度，并且需要训练较深较复杂的网络时，推荐使用学习率自适应的优化方法。

4）Adadelta、RMSprop、Adam 是比较相近的算法，在相似的情况下表现差不多。随着梯度变得稀疏，Adam 比 RMSprop 效果会好。整体来讲，Adam 是最好的选择。

本章小结

本章主要讨论了深度学习优化技术中的三要素，包括优化模型、优化策略、优化算法。优化策略即按照什么样的准则或方法来找到这个最优模型，主要讨论了损失函数、风险函数、经验风险最小化、结构风险最小化。优化算法中主要讨论了几种典型的适用于深度神经网络的优化算法和优化策略，包括梯度下降算法、随机梯度下降算法、动量算法、自适应学习率算法。

参考文献

[1] 伊恩·古德费洛，约书亚·本吉奥，亚伦·库维尔. 深度学习[M]. 赵申剑，黎彧君，符天凡，等译. 北京：人民邮电出版社，2017.

[2] 张·阿斯顿，李沐，立顿·扎卡里·C，等. 动手学深度学习[M]. 北京：人民邮电出版社，2019.

[3] 欧高炎，朱占星，董彬，等. 数学科学导引[M]. 北京：高等教育出版社，2017.

[4] DUCHI J，HAZAN E，SINGER Y. Adaptive subgradient methods for online learning and stochastic optimization [J]. Journal of Machine Learning Research，2011，12（7）：2121-2159.

[5] TIELEMAN T，HINTON G. Lecture 6.5-rmsprop：Divide the gradient by a running average of its recent magnitude [J].

Coursera：Neural Networks for Machine Learning，2012，4：26-31.

[6] IOFFE S，SZEGEDY C. Batch normalization：accelerating deep network training by reducing internal covariate shift [C]// Proceedings of the 32nd International Conference on Machine Learning，July 6-11，2015. Lille，France：ICML，2015：448-456.

[7] SCHAUL T，ANTONOGLOU I，SILVER D. Unit tests for stochastic optimization [C] // International Conference on Learning Representation，April 14-16，2014. Banff，Conada.

[8] ZHANG R，GONG W G，GRZEDA V，et al. An adaptive learning rate method for improving adaptability of background models [J]. IEEE Signal Processing Letters，2013，20（12）：1266-1269.

[9] LI J P，HUA C C，Tang Y G，et al. A time-varying forgetting factor stochastic gradient combined with Kalman filter algorithm for parameter identification of dynamic systems [J]. Nonlinear Dynamics，2014，78（3）：1943-1952.

第3章 深度学习算法及 PyTorch 实现

本章介绍深度学习各种算法的基本原理以及在 PyTorch 中的实现。这些算法包括多层感知机、卷积神经网络和循环神经网络。在深度学习模型中，通常会有一个目标函数，本章将介绍如何基于算法优化目标函数，也会介绍相关的优化算法在 PyTorch 中的实现。

3.1 多层感知机

3.1.1 多层感知机的算法原理

深度学习中，多层感知机实际上就是多层的全连接神经网络，多层感知机模型由两层及两层以上的单层感知机构成。图 3.1 展示了一个多层感知机模型实例，该模型由一个输入层、一个输出层和一个隐藏层构成。

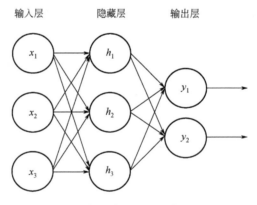

图 3.1 带有隐藏层的多层感知机模型

图 3.1 中模型的输入层和隐藏层分别有三个神经元，输出层有两个神经元，各个相邻层之间的神经元都完全连接，所以也称为全连接神经网络。举例来说，给定一个样本 $\boldsymbol{X} \in \mathbb{R}^{n \times d}$，表示输入的数据集 $\boldsymbol{X}$ 有 n 个样本，每个样本有 d 维的特征；隐藏层 $\boldsymbol{H} \in \mathbb{R}^{n \times h}$，表示隐藏层有 h 个神经元；因为输入层和隐藏层的神经元相连接，隐藏层和输出层的神经元相连接，所以输入层和隐藏层之间的权重矩阵和偏置矩阵为 $\boldsymbol{W}_i \in \mathbb{R}^{d \times h}$，$\boldsymbol{b}_i \in \mathbb{R}^{d \times 1}$，隐藏层和输出层之间的权重矩阵和偏置矩阵为 $\boldsymbol{W}_o \in \mathbb{R}^{h \times q}$，$\boldsymbol{b}_o \in \mathbb{R}^{h \times 1}$，其中 q 为输出层神经元的个数。

那么，带有单个隐藏层的模型设计为

$$\boldsymbol{H} = \boldsymbol{X}\boldsymbol{W}_i + \boldsymbol{b}_i \qquad (3.1)$$

$$\boldsymbol{O} = \boldsymbol{H}\boldsymbol{W}_o + \boldsymbol{b}_o \qquad (3.2)$$

将上面的公式联合起来就是：$O = (XW_i + b_i)W_o + b_o = XW_iW_o + b_iW_o + b_o$，若将 W_iW_o 看作一个 W，$b_iW_o + b_o$ 看作一个 b，则这个多层感知机模型实际上还是一个单层感知机模型，并且只能够学习线性函数。为了能够学习非线性函数，在多层感知机中引入了非线性变换，这个非线性变换就是激活函数。常用的激活函数有 Sigmoid 函数、ReLU 函数等。加入激活函数后，多层感知机模型设计如下：

$$HH = \phi(XW_i + b_i) \tag{3.3}$$

$$OO = \phi(HW_o + b_o) \tag{3.4}$$

式中，ϕ 为激活函数；HH 为隐藏层的输出；OO 为输出层的输出。

这样的感知机模型引入了非线性变换，可以用来学习非线性函数，提高模型的学习能力[1]。

3.1.2 NSL-KDD 数据集

本章介绍的所有算法的 PyTorch 实现，选用的都是 NSL-KDD 数据集。为了方便读者理解，下面对数据集进行简要介绍。NSL-KDD 数据集为网络安全领域的经典数据集 KDD99 的改进版，NSL-KDD 数据集分类与 KDD99 数据集相似。该数据集有 41 个特征维度，每个样本可以分类成正常样本和异常样本，其中异常样本有四大类，分别为 DOS、R2L、U2R 和 PROBE。

该数据集的 41 个特征维度中，有 3 个是字符型特征，分别是 protocol_type、service 和 flag，它们不能直接作为深度学习网络的输入，必须经过处理。这里通常采用 OneHot 编码方式对这 3 个特征进行编码。protocol_type 共有 3 种取值：TCP、UDP、ICMP；service 共有 70 种取值：aol、auth、bgp、 courier、csnet_ns、ctf、daytime、discard、domain、domain_u、echo、eco_i、ecr_i、efs、exec、finger、ftp、ftp_data、gopher、harvest、hostnames、http、http_2784、 http_443、http_8001、imap4、IRC、iso_tsap、klogin、kshell、ldap、link、login、mtp、name、netbios_dgm、netbios_ns、netbios_ssn、netstat、nnsp、nntp、ntp_u、other、pm_dump、pop_2、pop_3、printer、private、red_i、remote_job、rje、shell、smtp、sql_net、ssh、sunrpc、supdup、systat、telnet、tftp_u、tim_i、time、urh_i、urp_i、uucp、uucp_path、vmnet、whois、X11、Z39_50；flag 共有 11 种取值：OTH、REJ、RSTO、RSTOS0、RSTR、S0、S1、S2、S3、SF、SH。这 3 个字符型特征共有 84 种取值，采用 OneHot 编码使得数据集的维度从原来的 41 维扩展到 122 维。另外，因为取值全部相同的特征对于结果不会产生影响，所以将取值全部相同的"num_outbound_cmds"特征删去，最后数据集维度降到 121 维。NSL-KDD 数据集中主要的改进是删除了 KDD99 数据集中冗余重复的记录。

3.1.3 多层感知机算法的 PyTorch 实现

下面展示利用 PyTorch 实现将多层感知机模型作为入侵检测模型的完整步骤，包括数据集的读取和处理、模型的构建、训练和评估。

第一步，导入本节需要的包和模块，如代码 3.1 所示。

代码 3.1

```
import torch
import pandas as pd
import numpy as np
```

```
import torch.nn as nn,init
import time
from sklearn.preprocessing import StandardScaler
from torch.utils.data import Dataset,DataLoader
import torch.nn.functional as F
from sklearn.metrics import classification_report,precision_score,recall_score,f1_score,roc_auc_score,accuracy_score,auc
import matplotlib.pyplot as plt

plt.rcParams['font.sans-serif'] = ['SimHei']    # 可视化显示中文
device = torch.device('cuda' if torch.cuda.is_available()else 'cpu')    # 设置训练用的设配
```

第二步，读取数据。

首先设置特征列名。数据集 43（加上两个标签的信息）每个特征名已由官方介绍文档中给出，如代码 3.2 所示。

代码 3.2

```
columns_names = ['duration','protocol_type','service','flag','src_bytes','dst_bytes','land','rong_fragment','urgent','hot','num_failed_logins','logged_in','num_compromised','root_shell','su_attempted','num_root','num_file_creations','num_shells','num_access_files','num_outbound_cmds','is_host_login','is_guest_login','count','srv_count','serror_rate','srv_serror_rate','rerror_rate','srv_rerror_rate','same_srv_rate','diff_srv_rate','srv_diff_host_rate','dst_host_count','dst_host_srv_count','dst_host_same_srv_rate','dst_host_diff_srv_rate','dst_host_same_src_port_rate','dst_host_srv_diff_host_rate','dst_host_serror_rate','dst_host_srv_serror_rate','dst_host_rerror_rate','dst_host_srv_rerror_rate','result','label']
```

然后读取数据集。根据上面定义的特征名，在读取训练集和测试集文件的同时为每一个特征设置其特征名，如代码 3.3 所示。

代码 3.3

```
test_data = pd.read_csv('./NSL-KDD/KDDTest+.csv',names=columns_names)
train_data = pd.read_csv('./NSL-KDD/KDDTrain+.csv',names=columns_names)
```

第三步，数据集的预处理。

由于 NSL-KDD 数据集中存在字符型特征数据，所以不能直接用于深度学习模型的计算，必须经过一系列的预处理。

1. 数据编码

采用 OneHot 编码将特征中的字符型数据映射成数值型数据，根据 NSL-KDD 数据集的介绍，分别将 3 个字符型特征的所有取值保存到 3 个不同的列表中，如代码 3.4 所示。这里不直接按照训练集的特征值进行 OneHot 编码的原因是：测试集中的部分特征值在训练集中没有出现，需要自定义 OneHot 编码函数。

代码 3.4

```
service_columns = ['aol','auth','bgp','courier','csnet_ns','ctf','daytime','discard','domain','domain_u','echo','eco_i','ecr_i','efs','exec','finger','ftp','ftp_data','gopher','harvest','hostnames','http','http_2784','http_443','http_8001','imap4','IRC','iso_tsap','klogin','kshell','ldap','link','login','mtp','name','netbios_dgm','netbios_ns','netbios_ssn','netstat','nnsp',
```

'nntp','ntp_u','other','pm_dump','pop_2','pop_3','printer','private','red_i','remote_job','rje','shell','smtp','sql_net','ssh','
sunrpc','supdup','systat','telnet','tftp_u','tim_i','time','urh_i','urp_i','uucp','uucp_path','vmnet','whois','X11','Z39_50']

```
        protocol_type_columns = ['tcp','udp','icmp']
        flag_columns = ['OTH','REJ','RSTO','RSTOS0','RSTR','S0','S1','S2','S3','SF','SH']
        word_value_dict = {'flag':flag_columns,'protocol_type':protocol_type_columns,'service':service_columns}
# 将 3 个特征保存到字典
```

定义 OneHot 编码函数，将 3 个字符型特征转换成数值型特征。首先把 3 个字符型特征中所有特征的取值（共 84 个取值）作为样本的特征，初始默认这 84 个取值全为 0。然后根据样本中 3 个字符型特征相应的取值，设置 84 种特征的取值。OneHot 编码仅需要传入当前需要编码的数据，这里将其参数名设置为 data，如代码 3.5 所示。

代码 3.5

```
def one_hot(data):
        for col,value in word_value_dict.items(): # 分别处理 3 个字符型特征
            one_hoted = pd.DataFrame(np.zeros((data.shape[0],len(value))),dtype=int,columns=value)
#先将特征取值都默认设置为 0
            for i in range(data.shape[0]):
                one_hoted.iloc[i][data[col][i]] = 1    # 若是样本有该特征,则赋值为 1

            data = data.drop(columns=col) # 已编码过的列丢弃
            data = data.join(one_hoted)
    # 数据集中'num_outbound_cmds'特征的值全为 0,将该特征去掉
        data = data.drop(columns=['num_outbound_cmds'])
        return data
```

利用 OneHot 编码函数转换训练集和测试集中 3 个字符型的特征，如代码 3.6 所示。

代码 3.6

```
train_data = one_hot(train_data)
test_data = one_hot(test_data)
```

定义样本标签映射的字典，根据 NSL-KDD 文档中已有的样本标签信息，先定义小类别映射成大类别的字典，按照"正常样本映射为 0、异常样本映射为 1"的规则，再定义大类别的字符型标签映射数字的字典，这步处理之后就可以让模型处理标签数据了，这时也把样本分成只有两种类别的数据，如代码 3.7 所示。

代码 3.7

```
small_target={'back':'Dos','neptune':'Dos','pod':'Dos','smurf':'Dos','land':'Dos','teardrop':'Dos','udpstorm':'Dos',
'apache2':'Dos','mailbomb':'Dos','processtable':'Dos','normal':'normal','ipsweep':'probe','nmap':'probe','portsweep':
'probe','mscan':'probe','satan':'probe','saint':'probe','ftp_write':'R2L','guess_passwd':'R2L','imap':'R2L','sendmail':
'R2L','multihop':'R2L','phf':'R2L',snmpgetattack':'R2L','spy':'R2L','warezclient':'R2L','warezmaster':'R2L','snmpgu
ess':'R2L','worm':'R2L','xlock':'R2L','xsnoop':'R2L','buffer_overflow':'U2R','loadmodule':'U2R','perl':'U2R','rootkit':
'U2R','httptunnel':'U2R','named':'R2L','ps':'U2R','sqlattack':'U2R','xterm':'U2R'}
```

```
bin_target = {'Dos':1,'R2L':1,'normal':0,'probe':1,'U2R':1}
```

根据前面定义的映射字典，分别将训练集和测试集的样本标签采用数字编码的方式将标签的字符型数据映射成数值型数据，如代码 3.8 所示。

代码 3.8

```
train_label = train_label.map(small_target)

train_label = train_label.map(bin_target)

test_label = test_label.map(small_target)

test_label = test_label.map(bin_target)
```

2. 数据标准化

由于不同数据之间的量纲不同，为了消除量纲之间的影响，需要对原始数据集进行标准化。常用的数据标准化方法有 Z-score 标准化、Min-Max 标准化、小数定标标准化和 Logistic 标准化。这里采用的是 Z-score 标准化，利用 sklearn 库中的 Z-score 标准化类，将训练集和测试集进行转换，如代码 3.9 所示。

代码 3.9

```
scaler = StandardScaler()

train_data_std = scaler.fit_transform(train_data)

test_data_std = scaler.transform(test_data)
```

第四步，PyTorch 中数据的加载。

PyTorch 中加载数据必须使用数据集 Dataset 类，该类起到了封装数据集的作用，其中需要用户重载的两个函数是__getitem__和__len__。__getitem__函数用于索引数据时，根据索引值返回对应的样本属性和样本标签。__len__函数用于返回用户自定义数据的样本个数，如代码 3.10 所示。

代码 3.10

```
class NSLKDD_Dataset(Dataset):

def __init__(self,data,label):

        self.data = torch.tensor(data,dtype=torch.float)

        self.label = torch.tensor(label,dtype=torch.long)


    def __getitem__(self,index):

        return self.data[index],self.label[index]


    def __len__(self):

        return self.data.shape[0]
```

使用 DataLoader 函数批量加载样本。DataLoader 函数中，参数 num_workers 表示使用多少个子进程加载数据；参数 batch_size 表示每批要加载多少个样本；参数 shuffle 表示是否读取数据集时以随机的顺序进行读取，如果为 True，表示乱序读取数据，否则不打乱，默认是 False。下面先将预处理后的数据集转换成 PyTorch 中能加载的数据类，然后利用 DataLoader 函数批量读取自定义的加载数据类，如代码 3.11 所示。

代码 3.11

```
train_dataset = NSLKDD_Dataset(train_data_std,train_label)
trainloader = DataLoader(train_dataset,batch_size=16,num_workers=0)


test_dataset = NSLKDD_Dataset(test_data_std,test_label)
testloader = DataLoader(test_dataset,batch_size=16,num_workers=0)
```

第五步，多层感知机模型构建。

PyTorch 中所有模型的基类都是 nn.Module 类，在自定义模型类时，也就必须继承该类。模型中主要需要重载的函数为__init__和 forward 函数。__init__函数用来构建模型中的各个网络层，forward 函数根据已经构建网络层，设计其前向传播的顺序，并将最终模型的预测结果返回。

第一个 nn.Linear 构建了由输入层到隐藏层的线性变换，其第一个参数为 121，即输入数据的维度；第二个参数是 60，表示该线性变换的输出维度，即隐藏层的神经元个数。利用 nn.ReLU 定义了一个非线性激活函数。最后的 nn.Linear 构建了第二次线性变换，即由隐藏层到输出层的变换，其中第一个参数 60 是上一层输出的个数，也就是隐藏层神经元的个数，与第一个 nn.Linear 的输出维度 60 是对应的；第二个参数 2 表示输出维度的个数，即模型分类的个数，也是数据集的类别个数，如代码 3.12 所示。

代码 3.12

```
class MLP(nn.Module):
    def __init__(self):
        super().__init__()
        self.hidden = nn.Linear(121,60)
        self.act = nn.ReLU()
        self.output = nn.Linear(60,2)

    def forward(self,x):
        return self.output(self.act(self.hidden(x)))
```

其中，forward 函数用于对构建好的网络层设置其前向传播计算的顺序。因为 forward 函数需要传入数据，所以除了参数 self，还需要数据的参数 x。按照多层感知机模型计算顺序，首先将变量传入 self.hidden 做第一次变换，该变量也作为后面 self.act 非线性激活函数的参数，最后将激活函数返回的结果作为 self.output 传入的参数，由 self.output 得到二分类的结果，并将其返回。

第六步，模型评估函数的定义。

下面将从不同的指标角度去评价试验所使用的模型。主要的评价指标包括 Accuracy、Precision、Recall、F1_score 和 ROC 曲线。在评价指标中，用到的变量如下：TP（true positive）为被模型预测为正的正样本；TN（true negative）为被模型预测为负的负样本；FP（false positive）为被模型预测为正的负样本；FN（false negative）为被模型预测为负的正样本。

① Accuracy（准确率）　表示分类的准确率，即在给定的样本中，分类正确的样本数占总样本的比例，其计算公式为

$$Accuracy = \frac{TP + TN}{TP + FN + TN + FP} \qquad (3.5)$$

② Precision（精确率）　指的是所有预测为正样本中，真实情况也为正样本所占的比例，其计算公式为

$$Precision = \frac{TP}{TP + FP} \qquad (3.6)$$

③ Recall（召回率）　指的是真实情况为正样本中，预测结果也为正样本所占的比例，其计算公式为

$$Recall = \frac{TP}{TP + FN} \qquad (3.7)$$

④ F1_score（F1 值）　是精确率和召回率的调和。因为精确率和召回率两个指标是互斥的，当其中一个指标升高时，另外一个指标往往会相应地下降。为了对两个指标进行调和，引入了 F1_score，其计算公式为

$$F1\_score = 2 \times \frac{Precision \times Recall}{Precision + Recall} \qquad (3.8)$$

⑤ ROC 曲线　是指受试者工作特征曲线（receiver operating characteristic curve），是反映敏感性和特异性连续变量的综合指标，是用构图法揭示敏感性和特异性的相互关系。ROC 曲线横纵坐标范围为[0, 1]，通常情况下，ROC 曲线与 x 轴形成的面积越大，表示模型的性能越好。

另外，定义了一个函数对模型进行评估，计算并返回模型的评估结果。评估函数需要传入的参数有模型、损失函数和数据集，参数名分别为 model、criterion、dataloader，如代码 3.13 所示。

代码 3.13

```
def evaluate(model,criterion,dataloader):
    model.eval() # 模型进入评估模型
    loss,accuracy,y_pred,y_true,y_probs = 0.,0.,[],[],[] # 记录训练测试过程中标签相关的值
    with torch.no_grad():
        for batch_x,batch_y in dataloader:
            if len(batch_x.shape)== 3:
                batch_x = batch_x.unsqueeze(1)  # 增加数据维度
            batch_x,batch_y = batch_x.to(device),batch_y.to(device)# 输入到 GPU

            y_hat = model(batch_x) # 模型预测
            error = criterion(y_hat,batch_y) # 计算损失值
            loss += error.item()
            probs,pred_y = y_hat.data.max(dim=1)
            y_true.extend(batch_y.tolist()) # 保留真实标签
            y_pred.extend(pred_y.tolist()) # 保留预测标签
            y_probs.extend(probs.tolist()) # 保留预测的置信度
        loss /= len(dataloader)
    y_true,y_pred,y_probs = np.array(y_true),np.array(y_pred),np.array(y_probs)
```

```
pre = precision_score(y_true,y_pred) # 精确率的计算
recall = recall_score(y_true,y_pred) # 召回率的计算
f1 = f1_score(y_true,y_pred) # f1 值的计算
acc = accuracy_score(y_true,y_pred) # 准确率的计算


return loss,acc,pre,recall,f1
```

第七步，模型参数的设置。

模型训练需要设置相关计算的参数，其中包括优化器、学习率、训练次数、损失函数和 L2 正则化参数，如代码 3.14 所示。

代码 3.14

```
net = MLP()
optim = torch.optim.Adam(net.parameters(),lr=0.001,weight_decay=0.9)
num_epochs = 50
loss = torch.nn.CrossEntropyLoss()
net = net.to(device)
```

这里使用的是 Adam 优化器，参数学习率设置为 0.001，L2 正则化参数设置为 0.9；训练次数为 50 次，损失函数选用经典的交叉熵函数。

第八步，多层感知机模型训练。

根据前述训练次数的设定，对模型进行 50 个轮次的训练，并在每轮训练结束时输出当前训练效果，即模型评估的各个指标值，如代码 3.15 所示。

代码 3.15

```
for epoch in range(num_epochs): # 循环次数,即训练次数
net.train()# 模型切换到训练模式
    start = time.time() # 记录开始时间
    for X,y in trainloader:
        X,y = X.to(device),y.to(device)
        optim.zero_grad() # 清空梯度已有值
        y_hat = net(X) # 模型的前向传播计算,即模型输出分类结果
        error = loss(y_hat,y) # 损失值计算
        error.backward() # 反向传播计算
        optim.step() # 梯度更新
    # 训练集评估
    r_loss,tr_acc,tr_pre,tr_rec,tr_f1,tr_roc = evaluate(net,loss,trainloader)
    test_loss,test_acc,test_pre,test_recall,test_f1,test_roc = evaluate(net,loss,testloader) # 测试集评估
    end = time.time() # 模型一次训练结束时间
    print('[epoch %d:%.0f seconds]\t train_loss %.4f,train_acc %.3f,tr_pre %.3f,tr_rec %.3f,tr_f1 %.3f,
test_loss %.4f, test_acc %.3f,test_pre %.3f,test_recall %.3f,test_f1 %.3f' %(epoch + 1,end-start,r_loss,tr_acc,
tr_pre,tr_rec,tr_f1,test_loss,test_acc,test_pre,test_recall,test_f1)) # 输出当前训练轮次的效果
```

多层感知机模型在训练集上 50 轮次训练的损失值变化情况如图 3.2 所示。

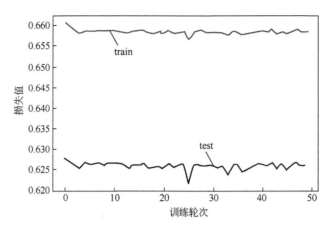

图 3.2　多层感知模型损失值变化图

由图 3.2 可知，在前几次训练过程中多层感知机的损失值有明显下降，之后损失值都有一些波动，所以训练的次数越多并不代表训练的效果越好。

多层感知机模型在训练集上 50 轮次训练的准确率变化情况如图 3.3 所示。

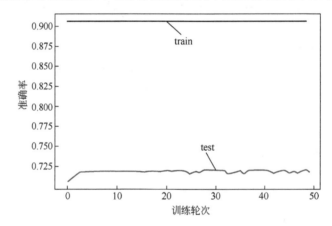

图 3.3　多层感知模型准确率变化图

由图 3.3 可知，模型在训练集上的准确率一直处于较高水平，而模型在测试集上的准确率初期有上升，但是之后也保持在一个较为稳定的状态。

多层感知机模型在训练集上 50 轮次训练的精确率变化情况如图 3.4 所示。

由图 3.4 可知，模型在训练集上的精确率在初期有所下降，但模型在测试集上的精确率并不会随着训练集精确率的下降而明显下降，训练集的精确率在过程中有较高的时候。

多层感知机模型在训练集上 50 轮次训练的召回率变化情况如图 3.5 所示。

由图 3.5 可知，模型在训练集上的召回率一直处于较为稳定的状态，前期的训练也会使得模型在测试集上的召回率有所提升，但是由于模型精确率较高，模型在测试集上的召回率仅维持在 0.53 左右。

多层感知机模型在训练集上 50 轮次训练的 F1 值变化情况如图 3.6 所示。

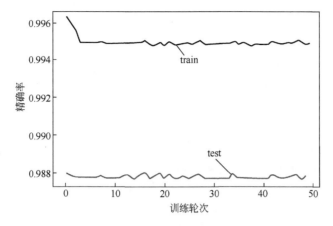

图 3.4　多层感知模型精确率变化图

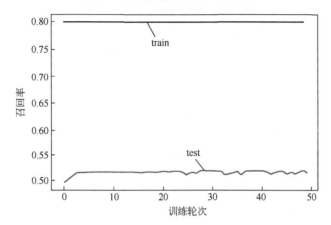

图 3.5　多层感知模型召回率变化图

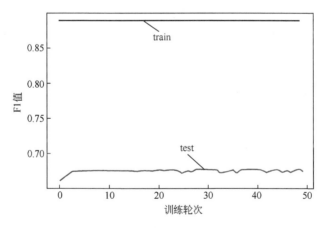

图 3.6　多层感知模型 F1 值变化图

由图 3.6 可知，模型在训练集上 F1 值变化不大，而在测试集上的 F1 值训练初期也有提升。

由上面几个评估指标的变化结果来看，并不是训练的次数越多，模型的效果就越好。

第九步，多层感知机的 ROC 曲线可视化。

ROC 曲线的绘制需要标签及标签预测的概率，具体实现如代码 3.16 所示。

代码 3.16

```
def get_roc_micro(net,dataloader,num_class,color='deeppink'):
    score_list,label_list = [],[]   # 记录置信度和标签
    for step,(batch_x,batch_y)in enumerate(dataloader):
        batch_x,batch_y = batch_x.to(device),batch_y.to(device)
        batch_y_predict = net(batch_x) # 模型分类
        score_tmp = batch_y_predict   # 复制值
        score_list.extend(score_tmp.detach().cpu().numpy()) # 保存预测的置信度
        label_list.extend(batch_y.cpu().numpy()) # 保存预测的标签

    score_array,label_tensor = np.array(score_list),torch.tensor(label_list)
    label_tensor = label_tensor.reshape((label_tensor.shape[0],1))
    label_onehot = torch.zeros(label_tensor.shape[0],num_class)
    label_onehot.scatter_(dim=1,index=label_tensor,value=1) # 为标签位置赋值给 1
    label_onehot = np.array(label_onehot)

    fpr_dict,tpr_dict,roc_auc_dict = dict(),dict(),dict()
    fpr_dict["micro"],tpr_dict["micro"],_ = roc_curve(label_onehot.ravel(),score_array.ravel())
# 计算绘制 ROC 曲线所需要的 fpr 和 tpr
    roc_auc_dict["micro"] = auc(fpr_dict["micro"],tpr_dict["micro"])
    plt.plot(fpr_dict["micro"],tpr_dict["micro"],
            label='micro-average ROC curve(area = {0:0.2f})'
                    .format(roc_auc_dict["micro"]),
            color=color,linestyle='-') # 绘制线段
get_roc_micro(net,trainloader,2,color='b')
get_roc_micro(net,testloader,2)
plt.legend(['train','test'])
```

可视化的结果,即多层感知机模型的 ROC 曲线,如图 3.7 所示。

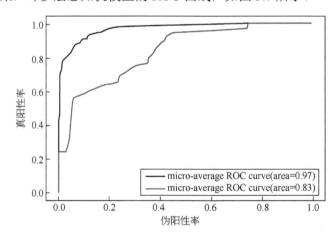

图 3.7　多层感知机模型的 ROC 曲线

其中，黑线表示模型在训练集上的 ROC 曲线，而灰线表示模型在测试集上的 ROC 曲线。可以看出模型在训练集上的效果较好，在测试集上的 ROC 曲线的面积能达到 0.83 也算不错。

3.2　卷积神经网络

卷积神经网络（CNN）是一种具有局部连接、权重共享等特性的深层前馈神经网络，由卷积（convolution）、激活（activation）和池化（pooling）3 种结构组成。卷积神经网络主要用于图像处理，其识别图像的准确率远远高于其他神经网络，目前已经可以达到人类识别的效果[2]。卷积神经网络输出的结果是每幅图像的特定特征空间。当处理图像分类任务时，我们会把卷积神经网络输出的特征空间作为全连接层或全连接神经网络的输入，用全连接层来完成从输入图像到标签集的映射，即分类。当然，整个过程最重要的工作就是如何通过训练数据迭代调整网络权重，也就是后向传播算法。目前主流的卷积神经网络，如 VGG、ResNet，都是由简单的卷积神经网络调整、组合而来。

3.2.1　卷积神经网络的原理

卷积神经网络模型主要由卷积层（convolution layers）、激活层（activation layers）、池化层（pooling layers）构成。通常一个完整的模型都会带有全连接神经网络，用于整个模型输出结果。激活层中的激活函数第 1 章已介绍。本节重点介绍卷积层和池化层。

1. 卷积层

在信号处理或图像处理中，经常使用一维卷积或二维卷积。由于卷积神经网络主要用于图像处理，一般使用二维卷积。下面主要介绍二维卷积。虽然卷积层取名为卷积运算，但是通常在卷积中使用互相关（cross-correlation）运算。在二维卷积层中，一个二维输入数组和一个二维核（kernel）数组通过互相关运算输出一个二维数组。给定一个图像 $X \in \mathbb{R}^{M \times N}$ 和一个卷积核 $W \in \mathbb{R}^{U \times V}$，它们的互相关运算为

$$y_{ij} = \sum_{u=1}^{U}\sum_{v=1}^{V} w_{uv} x_{i+u-1,\ j+v-1} \tag{3.9}$$

举个实例，如图 3.8 所示。如果输入图像是一个 3×3 的二维数组，卷积核是一个 2×2 的二维数组，那么当前输出数组的第一行第一列的元素为：$0 \times 0 + 1 \times 1 + 3 \times 2 + 4 \times 3 = 19$。

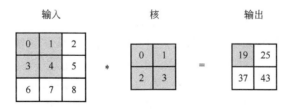

图 3.8　二维互相关运算

在二维互相关运算中，卷积核窗口从输入图像数组的最左上角开始，按从左到右、从上到下的顺序，依次在输入数组上滑动。卷积核窗口滑动到哪一个位置就和相应位置的元素做互相关运算。那么，图 3.8 中的剩余元素为

$$1 \times 0 + 2 \times 1 + 4 \times 2 + 5 \times 3 = 25 \tag{3.10}$$

$$3\times0+4\times1+6\times2+7\times3=37 \tag{3.11}$$

$$4\times0+5\times1+7\times2+8\times3=43 \tag{3.12}$$

在上面互相关运算的基础上，再引入滑动步长和零填充来增加卷积的多样性。

步长（stride）是指卷积核每次滑动的行数或者列数。图 3.9 展示了在一维卷积运算中不同步长运算的对比图。图 3.9（a）为步长为 1 的卷积，图 3.9（b）为步长为 2 的卷积，其中上面方块中的数字表示卷积的结果，下面方块中的数字表示输入的图像。一个卷积结果有三条线，表示该卷积核有三个窗口。可以看到步长为 2 的卷积每隔一个输入方块，然后计算其结果，而步长为 1 的卷积则连续计算其卷积结果。

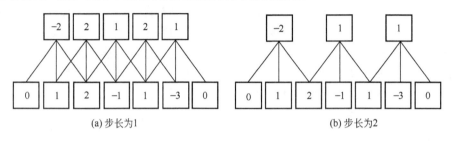

(a) 步长为1   (b) 步长为2

图 3.9   不同的滑动步长

零填充（zero padding）是在输入数组的四周进行补零，如图 3.10 所示，在输入图像数组高和宽的周围分别添加值为 0 的元素，使得输入图像高和宽由原来的 3×3 变为 5×5，并导致输出数组由 2×2 变为 4×4。其中输出数组的第一行、第一列的元素的互相关计算为 $0\times0+0\times1+0\times2+0\times3=0$，也就是在计算时把填充的元素也当作输入图像的数据来计算。

输入   核   输出

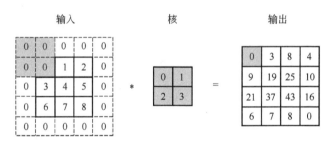

图 3.10   二维数组的零填充

默认情况下，卷积运算中，填充为 0，步长为 1。

前面考虑的输入和输出都是二维数组，但在现实中，一张彩色图片除了二维的宽和高，还有 RGB（红、绿、蓝）三种颜色的通道。计算时，不能把这个信息给忽略了。那么输入的数据就变成了 $3\times h\times w$ 的多维数组。这里数值为 3 的维度称为通道（channel）维。当输入数据包含多个通道时，也需要与通道维数相匹配的卷积核维数。输出数组的通道数可以不与输入通道数相同。下面举一个含有 2 个通道数的二维互相关运算的例子，如图 3.11 所示。

根据卷积的定义，卷积层有两个很重要的性质：

1）稀疏连接（sparse connectivity）：就是卷积层之间的神经元只与相邻层的部分神经元进行连接，而不是像全连接神经网络那样进行完全连接，这使得每层之间的连接数大大减少，可以提高算法的运行效率。举个例子，当处理一张图像时，输入的图像可能包含成

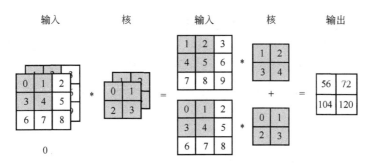

图 3.11　含有 2 个通道数的二维互相关运算

千上万个像素点，而通过占用几十到上百个像素点的卷积核检测一些局部的有意义的特征，例如图像的边缘。这意味着需要存储的参数更少，不仅减少了模型的存储需求，而且提高了它的统计效率。这也意味着为了得到输出只需要更少的计算量。如果有 m 个输入和 n 个输出，那么矩阵乘法需要 $m \times n$ 个参数并且相应算法的时间复杂度为 $O(m \times n)$。如果限制每个输出拥有的连接数为 k，那么稀疏的连接方法只需要 $k \times n$ 个参数以及 $O(k \times n)$ 的运行时间。在很多实际应用中，只需要保持 k 比 m 小几个数量级，就能在机器学习的任务中取得好的表现。图 3.12 展示了神经元稀疏连接的图形化解释。

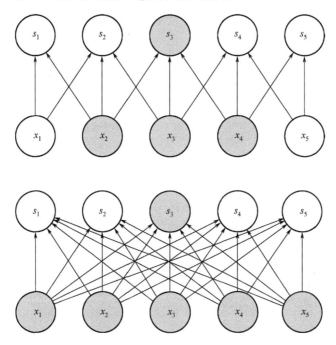

图 3.12　神经元稀疏连接的图形化解释

可以看到图 3.12 下方的全连接神经网络中，每个神经元都与它相邻层的所有神经元进行连接，而上面是卷积神经网络中的稀疏连接，上方的神经元 s_3 只与它相邻层的 x_2、x_3、x_4 有关，清晰地展示了稀疏连接的边的数量远远小于全连接神经网络的边的数量。

2）参数共享（parameter sharing）：是指在一个模型的多个函数中使用相同的参数。在全连接神经网络中，当计算一层的输出时，权重矩阵中的每一个元素只使用一次，当它乘以输入的一个元素后就再也不会用到了。在卷积神经网络中，核的每一个元素都作用在输入的每一位置上。卷积运算中的参数共享保证了只需要一个参数集合，而不是对每一个位置都需要学习一个单独的参数集合。这样虽然没有降低运行时间，但是让模型的存储需求降至 k 参数，k 通常要比 m 小很多个数量级。图 3.13 展示了参数共享的图形化解释。

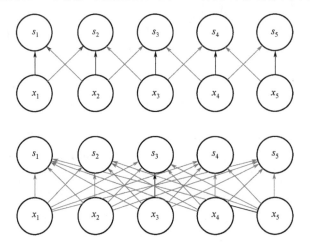

图 3.13　参数共享的图形化解释

图中黑色箭头表示在两个不同的模型中使用了特殊参数的连接，上方黑色箭头表示在卷积模型中对 3 元素核的中间元素的使用。因为参数共享，这个单独的参数被用于所有的输入位置。下方这个单独的黑色箭头表示在全连接模型中对权重矩阵的中间元素的使用。这个模型没有使用参数共享，所以参数只使用了一次，即每个参数不同[3]。

2．池化层

池化层也叫子采样层（sub-sampling layer），其作用是进行特征选择，降低特征数量，从而减少参数数量。

卷积层虽然可以显著减少网络中连接的数量，但是特征数组中的神经元个数并没有显著减少。如果后面接一个分类器，分类器的输入维数依然很高，容易出现过拟合。为了解决这个问题，可以在卷积层之后加上一个池化层，从而降低特征维数，避免过拟合[4]。

池化函数使用某一位置的相邻输出的总体特征来代替网络在该位置的输出。例如，最大池化（max pooling）函数给出相邻矩形区域内的最大值，平均池化函数给出相邻矩形区域内的平均值。

不管采用什么样的池化函数，当输入做出少量平移时，池化能够帮助输入的表示近似不变。对于平移的不变性是指当数据中的特征发生了位置上的改变时，经过池化函数后大部分的输出依旧保持不变。图 3.14 用图形解释了平移不变性。

图 3.14 上方的下面一行表示非线性的输出，上面一行表示了最大池化的输出。图 3.14 下方相同的网络模型，对输入右移一个元素。下面一行所有的值都发生了改变，但是上面一行只有一半的值发生了改变，这就是因为最大池化单元只对周围的最大值比较敏感，而不是对精确的位置敏感。这也是池化的平移不变性。

常用的池化函数有以下两种。

1）最大池化：对于一个区域 $R_{m,n}^d$，选择这个区域内所有神经元的最大值作为这个区域的表示，即

$$y_{m,n}^d = \max_{i \in R_{m,n}^d} x_i \qquad (3.13)$$

式中，x_i 为区域 $R_{m,n}^d$ 内每个神经元的活性值。

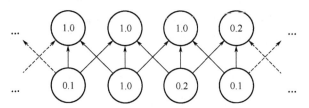

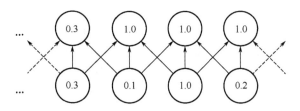

图 3.14　平移不变性

2）平均池化：一般是取区域内所有神经元活性值的平均值，即

$$y_{m,\ n}^d = \frac{1}{\left| R_{m,\ n}^d \right|} \sum_{i \in R_{m,\ n}^d} x_i \qquad (3.14)$$

图 3.15 展示了最大池化的示例。

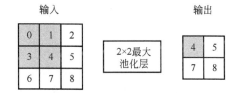

图 3.15　最大池化示例

图 3.15 中阴影部分为第一个输出元素及其所计算使用的输入元素。输出数组的高和宽分别为 2，其中的 4 个元素取对应输入区域的最大值[1]：

$$\max(0,\ 1,\ 3,\ 4) = 4 \qquad (3.15)$$

$$\max(1,\ 2,\ 4,\ 5) = 5 \qquad (3.16)$$

$$\max(3,\ 4,\ 6,\ 7) = 7 \qquad (3.17)$$

$$\max(4,\ 5,\ 7,\ 8) = 8 \qquad (3.18)$$

二维池化层与二维卷积层非常类似，池化层也有零填充和步长，由于池化层是对每个输入通道进行池化，所以池化层的输入通道数和输出通道数是相等的。

3.2.2 卷积神经网络的特征

1）卷积神经网络具有一些传统技术所没有的优点：良好的容错能力、并行处理能力和自学习能力，可以处理环境信息复杂、背景知识不清楚、推理规则不明确情况下的问题，允许样品有较大的缺损、畸变，运行速度快，自适应性能好，具有较高的分辨率。它是通过结构重组和减少权值将特征抽取功能融合进多层感知器，省略识别前复杂的图像特征抽取过程。

2）卷积神经网络泛化能力要显著优于其他方法，卷积神经网络已被应用于模式分类、物体检测和物体识别等方面。利用卷积神经网络建立模式分类器，将卷积神经网络作为通用的模式分类器，直接用于灰度图像。

3）卷积神经网络是一个前馈式神经网络，能从一个二维图像中提取其拓扑结构，采用反向传播算法优化网络结构，求解网络中的未知参数。

4）卷积神经网络是一类特别设计用来处理二维数据的多层神经网络。卷积神经网络被认为是第一个真正成功采用多层次结构网络的、具有鲁棒性的深度学习方法。卷积神经网络通过挖掘数据中的空间上的相关性，来减少网络中的可训练参数的数量，达到改进前向传播网络的反向传播算法效率，因为卷积神经网络需要非常少的数据预处理工作，所以也被认为是一种深度学习的方法。在卷积神经网络中，图像中的小块区域（也叫作局部感知区域）被当作层次结构中的底层的输入数据，信息通过前向传播经过网络中的各个层，在每一层中都由过滤器构成，以便能够获得观测数据的一些显著特征。由于局部感知区域能够获得一些基础特征，比如图像中的边界和角落等，这种方法能够提供一定程度对位移、拉伸和旋转的相对不变性。

5）卷积神经网络中层次之间的紧密联系和空间信息使得其特别适用于图像的处理和理解，并且能够自动地从图像抽取出丰富的相关特性。

6）卷积神经网络通过结合局部感知区域、共享权重、空间或者时间上的降采样来充分利用数据本身包含的局部性等特征，优化网络结构，并且保证一定程度上的位移和变形的不变性。

7）卷积神经网络是一种深度的监督学习下的机器学习模型，具有极强的适应性，善于挖掘数据局部特征，提取全局训练特征和分类，它的权值共享结构网络使之更类似于生物神经网络，在模式识别的各个领域都取得了很好的成果。

8）卷积神经网络可以用来识别位移、缩放及其他形式扭曲不变性的二维或三维图像。卷积神经网络的特征提取层参数是通过训练数据学习得到的，所以其避免了人工特征提取，而是从训练数据中进行学习；同一特征图的神经元共享权值，减少了网络参数，这也是卷积神经网络相对于全连接网络的一大优势。一方面，共享局部权值这一特殊结构更接近于真实的生物神经网络，使得卷积神经网络在图像处理、语音识别领域有着独特的优越性；另一方面，权值共享降低了网络的复杂性，且多维输入信号（语音、图像）可以直接输入网络的特点避免了特征提取和分类过程中数据重排的过程。

9）卷积神经网络的分类模型与传统模型的不同点在于其可以直接将一幅二维图像输入模型中，接着在输出端即给出分类结果。其优势在于不需复杂的预处理，将特征抽取、模式分类完全放入一个黑匣子中，通过不断的优化来获得网络所需参数，在输出层给出所需分类，网络核心就是网络的结构设计与网络的求解。这种求解结构比以往多种算法性能更高。

10）隐藏层的参数个数和隐藏层的神经元个数无关，只和滤波器的大小和滤波器种类的多少有关。

3.2.3 卷积神经网络的求解

1. 卷积神经网络的求解步骤

卷积神经网络在本质上是一种输入到输出的映射，它能够学习大量的输入与输出之间的映射关系，而不需要任何输入和输出之间的精确的数学表达式，只要用已知的模式对卷积神经网络加以训练，网络就具有输入/输出对之间的映射能力。卷积神经网络执行的是监督训练，所以其样本集是由形如**（输入向量，理想输出向量）**的向量对构成的。所有这些向量对，都应该是来源于网络即将模拟系统的实际"运行"结构，它们可以从实际运行系统采集而来。

1）参数初始化：在开始训练前，所有的权都应该用一些不同的小随机数进行初始化。"小随机数"用来保证网络不会因为权值过大而进入饱和状态，从而导致训练失败；"不同"用来保证网络可以正常地学习。实际上，如果用相同的数去初始化权矩阵，网络则无学习能力。

2）训练过程包括以下两个阶段。

① 第一阶段：前向传播阶段　从样本集中取一个样本，输入网络，计算相应的实际输出；在此阶段信息从输入层经过逐级变换，传送到输出层，这个过程也是网络在完成训练之后正常执行的过程。

② 第二阶段：后向传播阶段　计算实际输出与相应的理想输出的差，按照极小化误差的方法调整权值矩阵。

3）网络的训练过程如下：选定训练组，从样本集中分别随机地寻求 N 个样本作为训练组；将各个权值、阈值置成小的接近于 0 的随机值，并初始化精度控制参数和学习率；从训练组中取一个输入模式加到网络，并给出它的目标输出向量；计算出中间层输出向量和网络的实际输出向量；将输出向量中的元素与目标向量中的元素进行比较，计算出输出误差；对于中间层的隐单元也需要计算出误差；依次计算出各个权值的调整量和阈值的调整量；调整权值和阈值；当经历 M 次迭代后，判断指标是否满足精度要求（如果不满足，则返回，继续迭代；如果满足就进入下一步）；训练结束，将权值和阈值保存在文件中。这时可以认为各个权值已经达到稳定，分类器已经形成。再一次进行训练，直接从文件中导出各个权值和阈值进行训练，不再需要进行初始化。

2. 卷积神经网络求解时的注意事项

1）数据集的大小和分块。数据驱动的模型一般依赖于数据集的大小，卷积神经网络和其他经验模型一样，能够适用于任意大小的数据集，但用于训练的数据集应该足够大，能够覆盖问题域中所有已知可能出现的问题。设计卷积神经网络的时候，数据集包含 3 个子集：训练集、测试集、验证集。

① 训练集　包含问题域中的所有数据，并在训练阶段用来调整网络的权重。

② 测试集　在训练的过程中用于测试网络对训练集中未出现的数据的分类性能，根据网络在测试集上的性能情况，网络的结构可能需要做出调整，或者增加训练循环次数。

③ 验证集　验证集中的数据应该统一包含在测试集和训练集中没有出现过的数据，用于在网络确定之后能够更好地测试和衡量网络的性能。Looney 等建议，数据集中，65%的数据用于训练，25%用于测试，10%用于验证。

2）数据预处理。为了加速训练算法的收敛速度，一般都会采用一些数据预处理技术，其中包括去除噪声、输入数据降维、删除无关数据等。数据的平衡化在分类问题中异常重要，一般认为训练集中的数据应该相对于标签类别近似于平均分布，也就是每一个类别标签所对应的数据集在训练集中是基本相等的，以避免网络过于倾向于表现某些分类的特点。为了平衡数据集，应该移除一些过度富余的分类中的数据，并相应补充一些相对样例稀少的分类中的数据。还有一个方法，就是复制一部分样例稀少分类中的数据，并在这些数据中加入随机噪声。

3）数据规则化。将数据规则化到统一的区间（如[0，1]）中具有很重要的优点：防止数据中存在较大数值的数据，因而导致数值较小的数据对于训练效果减弱甚至无效化。一个常用的方法是将输入和输出数据按比例调整到一个和激活函数相对应的区间。

4）网络权值初始化。卷积神经网络的初始化主要是初始化卷积层和输出层的卷积核（权值）和偏置。网络权值初始化就是将网络中的所有连接权重赋予一个初始值，如果初始权重向量处在误差曲面的一个相对平缓的区域的时候，网络训练的收敛速度可能会很缓慢，一般情况下网络的连接权重和阈值被初始化在一个具有 0 均值的相对小的区间内均匀分布。

5）BP 算法的学习速率。如果学习速率选取得较大，则会在训练过程中较大幅度地调整权值，从而加快网络的训练速度，但是这可能造成网络在误差曲面上搜索过程中频繁抖动，且有可能使得训练过程不能收敛。如果学习速率选取得较小，能够稳定地使网络逼近于全局最优点，但也可能陷入一些局部最优，并且参数更新速度较慢。自适应学习率设定有较好的效果。

6）收敛条件。有几个条件可以作为停止训练的判定条件，如训练误差、误差梯度、交叉验证等。一般来说，训练集的误差会随着网络训练的进行而逐步降低。

7）训练方式。训练样例包括逐个样例训练（each and each training，EET）和批量样例训练（batch training，BT）两种基本方式，可以提供给网络训练使用，也可以将这两种基本方式结合使用。在 EET 中，先将第一个样例提供给网络，然后开始应用 BP 算法训练网络，直到训练误差降低到一个可以接受的范围，或者进行了指定步骤的训练次数。然后再将第二个样例提供给网络训练。EET 的优点是相对于 BT 只需要很少的存储空间，并且有更好的随机搜索能力，防止训练过程陷入局部最小区域。EET 的缺点是如果网络接收到的第一个样例就是劣质（有可能是噪声数据或者特征不明显）的数据，可能使得网络训练过程朝着全局误差最小化的反方向进行搜索。相对地，BT 方法是在所有训练样例都经过网络传播后才更新一次权值，因此每一个学习周期都包含了所有的训练样例数据。BT 方法的缺点也很明显，需要大量的存储空间，而且相比 EET 更容易陷入局部最小区域。而随机训练（stochastic training，ST）相对于 EET 和 BT 则是一种折中的方法。ST 和 EET 一样，也是一次只接受一个训练样例，但只进行一次 BP 算法并更新权值，然后接受下一个样例重复同样的步骤计算并更新权值，并且在接受训练集最后一个样例后，重新回到第一个样例进行计算。ST 和 EET 相比，既保留了随机搜索的能力，又避免了训练样例中最开始几个样例如果出现劣质数据而对训练过程产生的不良影响。

3.2.4 几种典型的卷积神经网络

1. LeNet-5

LeNet-5 网络是由 LeCun 等提出来的网络模型[5]，最初用于手写字体识别。该网络模型如图 3.16 所示。

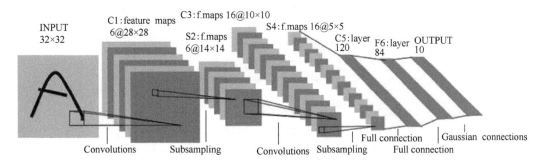

图 3.16　LeNet-5 网络模型

可以看到这个网络主要是由卷积层和池化层构成的。模型中最初的输入数据做一次卷积，再做一次池化，再做一次卷积和一次池化，其中 C5 层也是一个卷积层，使用 5×5 的卷积核，输出为 120 个神经元。F6 层是一个全连接层，它的输入就是上层神经网络输出的 120 个神经元，它的输出是 84 个神经元。

2. AlexNet

AlexNet 是由 Alex Krizhevsky 等提出的深度卷积网络模型[6]。该模型结构如图 3.17 所示。AlexNet 网络的出现是随着 GPU 等硬件的发展而产生的，之前由于硬件的限制，导致含有大量参数的神经网络很难进行训练。

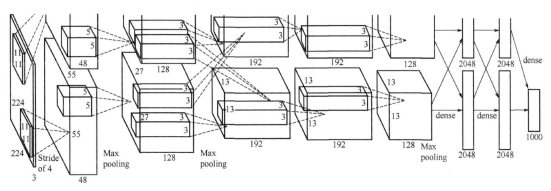

图 3.17　AlexNet 网络

如图 3.17 所示，AlexNet 使用了 8 层卷积神经网络。AlexNet 与 LeNet-5 的设计非常相似。区别是：AlexNet 使用的卷积层和池化层的个数比 LeNet-5 多，网络中卷积核函数设计得也不相同；AlexNet 将 Sigmoid 激活函数改成了 ReLU 激活函数，ReLU 激活函数的使用使得模型训练更加快速和简单。AlexNet 还添加了丢弃法。丢弃法不仅能够避免过拟合，还相当于集成了大量深层神经网络。

3. Inception 网络

Inception 网络模型实际上是 GoogLeNet 网络模型中的基础模块[7]。GoogLeNet 赢得了

2014 年的 ImageNet 图像分类竞赛的冠军，它使用的是 Inception 网络的 v1 版本。该模型如图 3.18 所示。

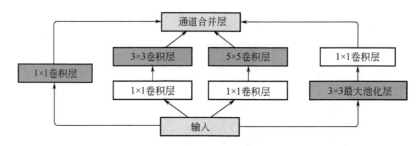

图 3.18　Inception v1 网络

由图 3.18 可以看出，Inception v1 网络模型中将输入进行 4 条并行计算。有 3 条先进行 1×1 的卷积层，其中两条计算是在1×1卷积层的基础上，再进行3×3和5×5的卷积层。最后一条计算路线上，先进行3×3的池化，然后做1×1的卷积。最后将这 4 条并行计算的输出结果在通道维上进行合并，传递给下一层，作为下一层的输入。

4.　残差网络

残差网络模型是 ResNet 中通过给非线性的卷积层增加直连边的方式来提高信息的传播效率。假设在一个深度网络中，用一个非线性函数 $f(x; \theta)$ 去逼近一个目标函数 $h(x)$。如果将目标函数拆分成两部分：恒等函数（identity function）x 和残差网络（residue function）$h(x) - x$，即

$$h(x) = x + (h(x) - x) \tag{3.19}$$

根据通用近似定理，神经网络构成的非线性单元可以近似逼近原始目标函数或残差函数，但实际上残差函数更容易学习。因此，优化问题就变成了：让非线性单元 $f(x; \theta)$ 去近似残差函数 $h(x) - x$，并用 $f(x; \theta) + x$ 去逼近 $h(x)$。

图 3.19 展示了普通网络和残差网络的对比图。

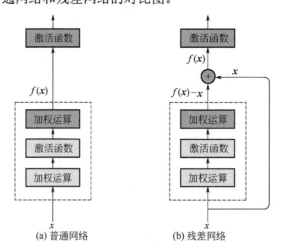

图 3.19　普通网络和残差网络对比

图 3.19（a）为普通网络，图 3.19（b）是添加了残差连接的网络。可以看到在残差网络中，输入有两个计算的线路，其中一条计算线路是输入 x 不做任何变化，直接与近似函

数 $f(\boldsymbol{x}) - \boldsymbol{x}$ 相加。两个网络最终要近似的函数都是 $f(\boldsymbol{x})$。

3.2.5　卷积神经网络的 PyTorch 实现

1. LeNet-5 的 PyTorch 实现

导入相关包和库文件以及数据预处理部分的代码与 3.1.3 节多层感知机的 PyTorch 实现类似，不再重复。下面介绍不同的步骤。

第一步，PyTorch 中数据的加载。

数据集依旧使用的是 NSL-KDD 数据集，由于卷积神经网络主要用于识别二维数据，在这里也将数据集视作二维的数据。与之前不同的是，在__getitem__中根据索引返回数据时，需要返回一个 11×11 的二维数据，如代码 3.17 所示。

代码 3.17

```
class NSLKDD_Dataset_2D(Dataset):
    def __init__(self,data,label):
        self.data = torch.tensor(data,dtype=torch.float)
        self.label = torch.tensor(label,dtype=torch.long)

    def __getitem__(self,index):
        return self.data[index].reshape((11,11)),self.label[index]

    def __len__(self):
        return self.data.shape[0]
```

在批量加载数据函数 DataLoader 中，使用二维的加载数据集 NSLKDD_Dataset_2D，如代码 3.18 所示。

代码 3.18

```
train_dataset_2d = NSLKDD_Dataset_2D(train_data_std,train_label)
trainloader_2d = DataLoader(train_dataset_2d,batch_size=16,num_workers=0)
test_dataset_2d = NSLKDD_Dataset_2D(test_data_std,test_label)
testloader_2d = DataLoader(test_dataset_2d,batch_size=16,num_workers=0)
```

第二步，LeNet 模型构建，如代码 3.19 所示。

LeNet-5 模型在__init__构造函数中利用 nn.Conv2d 构建二维的卷积层，nn.MaxPool2d 构建二维的池化层。根据 LeNet-5 模型中介绍的参数，第一层是一个卷积层，其输入通道数是 1，输出通道数是 6，卷积核大小是 5，填充值是 1。nn.Conv2d 中前 3 个参数分别表示输入通道数、输出通道数和卷积核大小，padding 表示填充值。第二层为 nn.ReLU 激活函数。第三层为池化层，其中池化层的窗口大小为 2、步长为 1。nn.MaxPool2d 中 kernel_size 和 stride 分别表示池化层的窗口大小和步长。第四层又是一个卷积层，其输入通道数、输出通道数、卷积核大小和填充值分别为 6、16、5、1。经过一个 nn.ReLU 激活函数之后，又是一个池化层，其池化层的窗口大小和步长分别为 2 和 1，nn.Sequential 按照参数输入的顺序进行前向传播计算。最后使用 nn.Sequential 构建了一个多层感知机用于输出模型分类结果。

代码 3.19

```
class LeNet(nn.Module):
    def __init__(self):
        super().__init__()
        self.conv = nn.Sequential(nn.Conv2d(1,6,5,padding=1),
                                  nn.ReLU(),
                                  nn.MaxPool2d(kernel_size=2,stride=1),
                                  nn.Conv2d(6,16,5,padding=1),
                                  nn.ReLU(),
                                  nn.MaxPool2d(kernel_size=2,stride=1)
        self.fc = nn.Sequential(nn.Linear(16*5*5,120),
                                nn.Sigmoid(),
                                nn.Linear(120,84),
                                nn.Sigmoid(),
                                nn.Linear(84,5))
```

在 forward 函数中，先将样本数据输入特征提取到网络层中，再将提取的信息作为多层感知机模型的输入，最后利用多层感知机输出样本预测的标签，如代码 3.20 所示。

代码 3.20

```
def forward(self,kdd_data):
    feature = self.conv(kdd_data)
    output = self.fc(feature.view(kdd_data.shape[0],-1))
    return output
```

第三步，定义评估函数，如代码 3.21 所示。

评估函数需要传入的参数有模型、损失函数和数据集，参数名分别为 model、criterion、dataloader。

代码 3.21

```
def evaluate(model,criterion,dataloader):
    model.eval()
    loss,accuracy = 0,0
    y_pred,y_true,y_probs = [],[],[]
    with torch.no_grad():
        for batch_x,batch_y in dataloader:
            if len(batch_x.shape)== 3:
                batch_x = batch_x.unsqueeze(1)
            batch_x,batch_y = batch_x.to(device),batch_y.to(device)

            y_hat = model(batch_x)
            error = criterion(y_hat,batch_y)
            loss += error.item()
```

```
                    pred_y = y_hat.argmax(dim=1)

                    y_true.extend(batch_y.tolist())
                    y_pred.extend(pred_y.tolist())

                    probs,pred_y = y_hat.data.max(dim=1)
                    y_probs.extend(probs.tolist())

                y_true,y_pred,y_probs = np.array(y_true),np.array(y_pred),np.array(y_probs)

                pre = precision_score(y_true,y_pred)
                recall = recall_score(y_true,y_pred)
                f1 = f1_score(y_true,y_pred)
                acc = accuracy_score(y_true,y_pred)
                loss /= len(dataloader)

                return loss,acc,pre,recall,f1
```

第四步，定义模型训练函数，如代码 3.22 所示。

为了提高代码的可重用性，这里定义一个模型训练函数，这个函数在后面的深度学习
网络中也会调用。模型训练中的损失函数采用的是交叉熵函数。训练函数需要传入的参数
有模型、训练集、测试集、优化器、训练设备、训练轮数，参数名称分别为 net、 train_iter、
test_iter、optimizer、device、num_epochs。

代码 3.22

```
def train(net,train_iter,test_iter,optimizer,device,num_epochs):
    net = net.to(device)
    loss = torch.nn.CrossEntropyLoss()
    net.train() # 开启训练模式
    for epoch in range(num_epochs): # 训练 num_epochs 轮次
        l_sum,acc_sum,n = 0.0,0.0,0.0
        for X,y in train_iter:
            if len(X.shape)== 3:
                X = X.unsqueeze(1) # 扩展数据维度
            X,y = X.to(device),y.to(device)
            optimizer.zero_grad() # 梯度清空
            y_hat = net(X)
            l = loss(y_hat,y) # 计算损失
            l.backward() # 梯度计算
            optimizer.step() # 传递参数

        tr_loss,tr_acc,tr_pre,tr_rec,tr_f1 = evaluate(net,loss,train_iter) # 训练集评估
```

```
test_loss,test_acc,test_pre,test_recall,test_f1 = evaluate(net,loss,test_iter) # 测试集评估

print('[epoch %d:%.0f seconds]\t train_loss %.4f,train_acc %.3f,tr_pre %.3f,tr_rec %.3f, tr_f1
%.3f,test_loss %.4f, test_acc %.3f,test_pre %.3f,test_recall %.3f,test_f1 %.3f' %(epoch + 1,end-start,tr_loss,
tr_acc,tr_pre,tr_rec,tr_f1,test_loss,test_acc,test_pre,test_recall,test_f1)) # 输出当前训练轮次的效果
```

第五步，训练 LeNet 模型，如代码 3.23 所示。

定义学习率为 0.001，训练次数为 30，优化算法设置为 Adam 算法，进行训练。

代码 3.23

```
lr,num_epochs = 0.001,30
net = LeNet() # 网络的实例化
optimizer = torch.optim.Adam(net.parameters(),lr=lr) # 定义优化器
train(net,trainloader_2d,testloader_2d,optimizer,device,num_epochs) # 模型训练
```

LeNet 网络模型在训练集和测试集上 30 轮次训练的实验结果，如表 3.1 所示。

表 3.1 LeNet 网络模型实验结果

数据集	损失值	准确率	精确率	召回率	f1 值
训练集	0.0117	0.996	0.994	0.998	0.996
测试集	1.2095	0.843	0.742	0.973	0.842

由表 3.1 可知，LeNet 网络模型在训练集和测试集上都表现出了较好的效果，但是模型在测试集上的效果依旧与模型在训练集上的效果差距较大，还可以进一步优化模型。

第六步，LeNet 网络的 ROC 曲线可视化。

LeNet 网络的 ROC 曲线可视化与多层感知机模型的 ROC 曲线可视化代码类似，这里就不再重复，只给出 ROC 曲线，如图 3.20 所示。

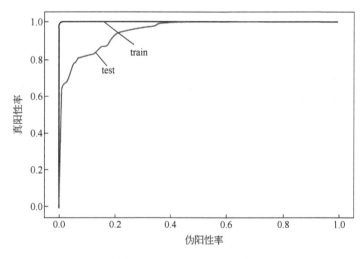

图 3.20 LeNet 模型的 ROC 曲线

由图 3.20 可知，LeNet 网络模型在训练集上的效果依旧非常好，但是在测试集上的效果没有在训练集上的效果好，但是其区域面积已经高于平均水平。

2. Inception 网络的 PyTorch 实现

导入相关包和库文件，以及数据预处理部分的代码与 3.1.3 节多层感知机的 PyTorch 实现类似，不再重复。这里主要展示 Inception 网络模型的构建。

第一步，构建 Inception 网络模型，如代码 3.24 所示。

代码 3.24

```
class Inception(nn.Module):
    def __init__(self):
        super().__init__()
        # 线路 1,1*1 卷积层
        self.p1_1 = nn.Conv2d(1,3,kernel_size=1)
        # 线路 2,1*1 卷积后接 3*3 卷积层
        self.p2_1 = nn.Conv2d(1,3,kernel_size=1)
        self.p2_2 = nn.Conv2d(3,6,kernel_size=3,padding=1)
        # 线路 3,1*1 卷积后接 5*5 卷积层
        self.p3_1 = nn.Conv2d(1,3,kernel_size=1)
        self.p3_2 = nn.Conv2d(3,6,kernel_size=5,padding=2)
        # 线路 4,3*3 最大池化层后接 1*1 卷积层
        self.p4_1 = nn.MaxPool2d(kernel_size=3,stride=1,padding=1)
        self.p4_2 = nn.Conv2d(1,3,kernel_size=1)

        self.fc = nn.Sequential(nn.Linear(2178,1000),
                                nn.ReLU(),
                                nn.Linear(1000,200),
                                nn.ReLU(),
                                nn.Linear(200,2))
```

这里使用类的方式构建了一个网络模型 Inception，该类同样继承了 Module 类。Inception 模型重载了 __init__ 函数和 forward 函数。在 __init__ 函数中，构建 Inception 中基本的结构。Inception 网络中有四条线路，根据上述介绍的 Inception 结构，分别构建每条线路中不同的卷积层或池化层，最后再构建一个全连接层。第一条线路仅有 1×1 的卷积层，通过 nn.Conv2d 定义卷积层，其输入通道数为 1，输出通道数为 3，卷积核大小为 1。第二条线路经过一个卷积层；nn.Conv2d 定义了一个输入通道数为 1、输出通道数为 3、卷积核大小为 1 的卷积层；还经过另一个卷积层，nn.Conv2d 定义了一个输入通道数为 3、输出通道数为 6、卷积核大小为 3、填充数为 1 的卷积层。第三条线路经过一个卷积层，nn.Conv2d 定义了一个输入通道数为 1、输出通道数为 3、卷积核大小为 1 的卷积层；还经过另一个卷积层，nn.Conv2d 定义了一个输入通道数为 3、输出通道数为 6、卷积核大小为 5、填充数为 2 的卷积层。第四条线路经过一个最大池化层，nn.MaxPool2d 定义了一个核大小为 3、步长为 1、填充数为 1 的最大池化层；还经过另一个卷积层，nn.Conv2d 定义了一个输入通道数为 1、输出通道数为 3、卷积核为 1 的卷积层。最后还构建了一个全连接神经网络，用于模型的分类。

再定义模型中的 forward 函数。首先分别构建四条前向传播线路，如代码 3.25 所示。p1、p2、p3、p4 变量分别代表了四条线路，四条线路分别计算输入的图像数据 img。然后

利用 torch.cat()函数将四条线路的输出结果结合起来，最后调用全连接神经网络模型输出分类结果。

代码 3.25

```
def forward(self,img):
    p1 = F.relu(self.p1_1(img))
    p2 = F.relu(self.p2_2(F.relu(self.p2_1(img))))
    p3 = F.relu(self.p3_2(F.relu(self.p3_1(img))))
    p4 = F.relu(self.p4_2(F.relu(self.p4_1(img))))
    o1 = torch.cat((p1,p2,p3,p4),dim=1)
    o = self.fc(o1.view(o1.shape[0],-1))
return o
```

第二步，训练 Inception 网络模型。

定义学习率和训练次数分别为 0.001 和 5，并且将优化算法设置为 Adam 算法，调用训练函数进行训练，如代码 3.26 所示。

代码 3.26

```
lr,num_epochs = 0.001,5
net = Inception()
optimizer = torch.optim.Adam(net.parameters(),lr=lr)
train(net,trainloader_2d,testloader_2d,optimizer,device,num_epochs)
```

Inception 网络模型在训练集和测试集上进行 30 轮次训练的实验结果，如表 3.2 所示。

表 3.2　Inception 网络模型实验结果

数据集	损失值	准确率	精确率	召回率	F1 值
训练集	0.0072	0.997	0.998	0.997	0.998
测试集	5.7661	0.791	0.682	0.965	0.799

由表 3.2 可知，Inception 网络模型在训练集上的拟合效果较好，模型在测试集上的召回率也较高，说明模型检测到正样本能力依旧不错。

第三步，Inception 网络模型的 ROC 曲线可视化。

ROC 曲线可视化的代码与前述代码相同，Inception 网络模型的 ROC 曲线如图 3.21 所示。

由图 3.21 可知，模型在训练集上拟合效果几乎接近完全识别，但是在测试集上的效果却与在训练集上的效果相差较多，模型可能出现了过拟合的情况。

3. 残差网络的 PyTorch 实现

这里同样只展示网络模型的构建部分，其他部分与前述网络模型的代码一样。

第一步，构建残差网络模型，如代码 3.27 所示。

依旧是使用类的方式构建残差网络模型 Residual。因为 Residual 网络结构中存在批标准化的结构，所以在__init__函数中与之前不同的是，利用 nn.BatchNorm2d 函数构建了两个批标准化函数，其中参数表示通道数，批标准化的通道数必须与它上一层的网络层的通道数相同，其他结构与前述模型类似，这里不再重复叙述。在 forward 函数中，由于 Residual 模型的特殊性,需要将经过若干网络层输出的结果与最原始输入的数据结合,再将结合的数据作为后续的输入。在这里,通过将输入数据 img 与网络结果 Y 相加,完成残差网络的构建。

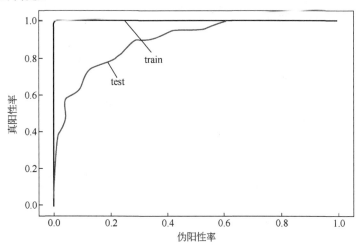

图 3.21　Inception 网络模型的 ROC 曲线

代码 3.27

```
class Residual(nn.Module):
    def __init__(self):
        super().__init__()
        self.conv1 = nn.Conv2d(1,3,kernel_size=3,padding=1,stride=1)
        self.conv2 = nn.Conv2d(3,6,kernel_size=3,padding=1)
        self.bn1 = nn.BatchNorm2d(3)
        self.bn2 = nn.BatchNorm2d(6)
        self.fc = nn.Sequential(nn.Linear(726,300),
                                nn.ReLU(),
                                nn.Linear(300,100),
                                nn.ReLU(),
                                nn.Linear(100,2))

    def forward(self,img):
        Y = F.relu(self.bn1(self.conv1(img)))
        Y = self.bn2(self.conv2(Y))
        o1 = F.relu(Y + img)
        o = self.fc(o1.view(o1.shape[0],-1))
    return o
```

第二步,训练残差网络模型。

定义学习率为 0.001,训练次数为 30,并且将优化算法设置为 Adam 算法,调用训练函数进行训练,如代码 3.28 所示。

代码 3.28

```
lr,num_epochs = 0.001,30

net = LeNet()

optimizer = torch.optim.Adam(net.parameters(),lr=lr)


train(net,trainloader_2d,testloader_2d,optimizer,device,num_epochs)
```

残差网络模型在训练集和测试集上进行 30 轮次训练的实验结果，如表 3.3 所示。

表 3.3　残差网络模型实验结果

数据集	损失值	准确率	精确率	召回率	F1 值
训练集	0.0082	0.997	0.999	0.996	0.997
测试集	7.7706	0.791	0.694	0.921	0.791

如表 3.3 所示，模型在训练集上效果非常好，但是在测试集上效果不够理想，这里可能出现过拟合的情况，需要对模型进行正则化的处理。

第三步，残差网络模型的 ROC 曲线可视化。

残差网络模型的 ROC 曲线可视化的代码与前述代码类似，这里不再重复。这里只给出残差网络模型的 ROC 曲线，如图 3.22 所示。

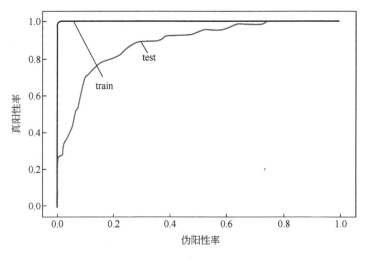

图 3.22　残差网络模型的 ROC 曲线

由图 3.22 可知，模型在训练集上的 ROC 曲线几乎可以识别所有的数据集，但是在测试集上的 ROC 曲线效果并不好，需要对模型进行优化。

3.3　循环神经网络

循环神经网络（recurrent neural network，RNN）是一种特殊的神经网络结构，它是根据"人的认知是基于过往的经验和记忆"这一观点提出的。与卷积神经网络不同的是，它不仅考虑前一时刻的输入，而且赋予了网络对前面内容的一种"记忆"功能。之所以称为循环神经网络，是由于一个序列当前的输出与前面的输出也有关。具体的表现形式为：网络会对前面的信息进行记忆并应用于当前输出的计算中，即隐藏层之间的节点不再是无连接而是有连接的；隐藏层的输入不仅包括输入层的输出，还包括上一时刻隐藏层的输出。循环神经网络也具有参数共享的特征，是一种处理时间序列数据的神经网络结构，常用于自然语言的处理。

3.3.1　循环神经网络的原理

给定输入 $\boldsymbol{x}_{1:T} = (x_1, x_2, \cdots, x_t, \cdots, x_T)$，循环神经网络用下面的方式更新隐藏层的状态 h_t：

$$h_t = f(h_{t-1}, x_t) \tag{3.20}$$

式中，$h_0 = 0$，$f(\ )$ 是一个非线性激活函数，隐藏层的活性值 h_t 又称为状态或隐状态。

图 3.23 是循环神经网络原理图。

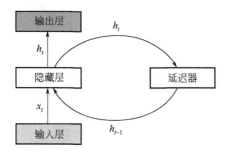

图 3.23　循环神经网络原理图

其中，延迟器是隐藏状态从第 t 时刻到第 $t+1$ 时刻的一个更新器，记录最近几次神经元的输出，由非线性函数变换 t 时刻到 $t+1$ 时刻的状态。

循环神经网络主要面临两大问题，分别是梯度爆炸和梯度消失。梯度爆炸可以通过权重衰减或梯度截断来解决。权重衰减就是在参数更新时，添加正则化来限制参数的取值范围。梯度截断是在参数更新之前截断梯度 $\boldsymbol{g}$ 的范数 $\|\boldsymbol{g}\|$：

$$if \|\boldsymbol{g}\| > v$$

则

$$\boldsymbol{g} \leftarrow \frac{\boldsymbol{g}v}{\|\boldsymbol{g}\|} \tag{3.21}$$

式中，v 是范数上界，$\boldsymbol{g}$ 用来更新参数，也就是限制梯度的大小，这样可以保证在梯度方向上，避免梯度爆炸。

解决梯度消失最有效的办法是改进模型，下面进行介绍。

3.3.2　两种改进的循环神经网络

1. 长短期记忆网络

长短期记忆网络（long short-term memory，LSTM）是循环神经网络的一个变种，可以有效地解决梯度爆炸或梯度消失问题。LSTM 网络增加了两个方面的改进：引入新的内部状态和门控机制。

新的内部状态：LSTM 网络引入一个新的内部状态（internal state）c_t 专门进行线性的

循环信息传递，同时（非线性）输出信息给隐藏层的外部状态 h_t。

$$c_t = f_t \odot c_{t-1} + i_t \odot \widetilde{c_t} \tag{3.22}$$

$$h_t = o_t \odot \tanh(c_t) \tag{3.23}$$

式中，$f_t \in [0,1]^D$、$i_t \in [0,1]^D$ 和 $o_t \in [0,1]^D$ 分别为遗忘门、输入门和输出门；$\odot$ 是向量元素乘积；c_{t-1} 是上一时刻的记忆单元；$\widetilde{c_t} \in \mathbb{R}^D$ 是通过非线性函数得到的候选状态。

$$\widetilde{c_t} = \tanh W_c x_t + U_c h_{t-1} + b_c \tag{3.24}$$

式中，W_c 和 U_c 表示循环节点的权重；b_c 表示偏置量。

LSTM 网络引入门控机制（gating mechanism）来控制信息传递的路径。这三个门的作用分别为：

1）遗忘门 f_t 控制上一时刻的内部状态 c_{t-1} 需要遗忘多少信息。

2）输入门 i_t 控制当前时刻的候选状态 $\widetilde{c_t}$ 有多少信息需要保存。

3）输出门 o_t 控制当前时刻的内部状态 c_t 有多少信息需要输出给外部状态 h_t。

LSTM 网络中的"门"是一种"软"门，取值在[0，1]之间，表示按一定比例的信息通过。三个门的计算方式为

$$i_t = \sigma(W_i x_t + U_i h_{t-1} + b_i) \tag{3.25}$$

$$f_t = \sigma(W_f x_t + U_f h_{t-1} + b_f) \tag{3.26}$$

$$o_t = \sigma(W_o x_t + U_o h_{t-1} + b_o) \tag{3.27}$$

式中，$\sigma(\ )$ 是 Logistic 函数，输出区间是[0，1]；x_t 为当前时刻的输入；h_{t-1} 为上一时刻的外部状态。图 3.24 给出了 LSTM 网络的循环单元结构。

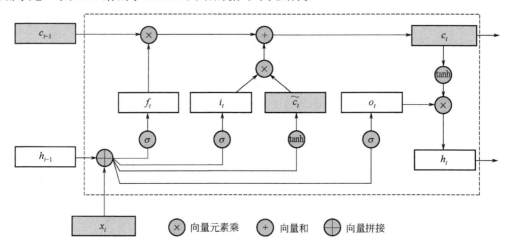

图 3.24　LSTM 网络的循环单元结构

2．门控循环单元网络

门控循环单元（gated recurrent unit，GRU）网络是一种比 LSTM 网络更加简单的循环神经网络。GRU 网络引入了更新门（update gate）来控制当前状态需要从历史状态中保留多少信息，以及需要从候选状态中接收多少新信息。

$$h_t = z_t \odot h_{t-1} + (1 - z_t) \odot \widetilde{h_t} \tag{3.28}$$

式中，$z_t \in [0, 1]^D$ 为更新门。

$$z_t = \sigma(W_z x_t + U_z h_{t-1} + b_z) \qquad (3.29)$$

$$\widetilde{h_t} = \tanh(W_h x_t + U_h(r_t \odot h_{t-1}) + b_h) \qquad (3.30)$$

式中，$\widetilde{h_t}$ 是 t 时刻的候选状态；$r_t \in [0, 1]^D$ 为重置门（reset gate），用来控制候选状态 $\widetilde{h_t}$ 的计算是否依赖上一时刻的状态 h_{t-1}。

$$r_t = \sigma(W_r x_t + U_r h_{t-1} + b_r) \qquad (3.31)$$

图 3.25 给出了 GRU 网络的循环单元结构。

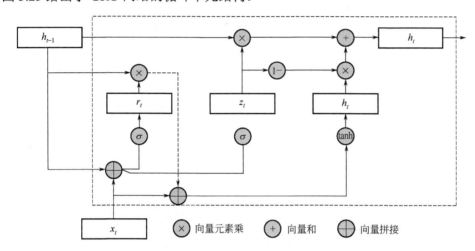

图 3.25　GRU 网络的循环单元结构

3.3.3　循环神经网络的 PyTorch 实现

1. 简单 RNN 的 PyTorch 实现

数据集依旧选用 NSL-KDD 数据集，结合一个简单的 RNN 模型来检测流量。首先，导入相关库文件；接着读取数据集文件，以及做数据预处理工作，数据预处理与之前处理方式类似，不再重复。

第一步，定义 PyTorch 数据集，如代码 3.29 所示。

代码 3.29

```
class NSLKDD_Dataset(Dataset):
    def __init__(self,data,label,seq_len=1):
        self.data = torch.tensor(data,dtype=torch.float)
        self.label = torch.tensor(label,dtype=torch.long)
        self.seq_len = seq_len   # 时间序列的长度

    def __getitem__(self,index):
        if self.seq_len + index > self.__len__(): # 如果长度大于数据集的长度
            return self.data[index:] ,self.label[index:]   # 返回已有数据集
        else:
            return self.data[index:index+self.seq_len],self.label[index]
```

```
        def __len__(self): # 数据集大小
            return self.data.shape[0]
```

上述 Dataset 构建了一个步长为 3 的时间序列数据，可以实现提取时间序列的信息，再构建批量加载数据集的函数，如代码 3.30 所示。

代码 3.30

```
train_dataset = NSLKDD_Dataset(train_data_std,train_label,seq_len=3)
trainloader = DataLoader(train_dataset,batch_size=16,num_workers=0,drop_last=True)
test_dataset = NSLKDD_Dataset(test_data_std,test_label,seq_len=3)
testloader = DataLoader(test_dataset,batch_size=32,num_workers=0,drop_last=True)
```

第二步，构建 RNN 模型，如代码 3.31 所示。

一个简单的 RNN 模型中有一个 RNN 网络层。在 PyTorch 中的 torch.nn.RNN()可以直接构建一个 RNN 网络层，其中 input_size 表示输入层神经元的个数，hidden_size 表示隐藏层中神经元的个数，num_layers 表示 RNN 层的个数。再构建全连接神经网络，用于分类。

代码 3.31

```
class MYRNN(nn.Module):
    def __init__(self):
        super().__init__()
        self.rnn = nn.RNN(input_size=121,hidden_size=60,num_layers=1) # RNN 层
        self.dense = nn.Sequential(nn.Linear(180,30),
                                   nn.Sigmoid(),
                                   nn.Linear(30,2))
        self.state = None

    def forward(self,X,state):
        Y,self.state = self.rnn(X,state)
        output = self.dense(Y.view(X.shape[1],-1))
        return output,self.state
```

RNN 网络层有两个输入、两个输出。两个输入分别是数据集的输入和隐藏层初始状态的输入。两个输出的第一个输出是隐藏层状态的输出，这个输出通常作为当前 t 时刻输出层的一个输入；另外一个输出也是隐藏层状态的输出，指的是隐藏层在最后时刻 t 的输出，并且当隐藏层数多的时候，记录每一层隐藏状态的信息。

第三步，定义评估函数，如代码 3.32 所示。

同样，在 RNN 模型的评估函数也需要将模型预测值及其预测分数记录下来，最后保存成 array 数组，然后利用 sklearn 中函数计算各个评估指标的值。

代码 3.32

```
def evaluate(model,criterion,dataloader):
    model.eval()
    loss,accuracy,state = 0,0,None
    net.eval() # 评估模式
```

```
y_pred,y_true,y_probs = [],[],[]
with torch.no_grad():
    for batch_x,batch_y in dataloader:
        if state is not None:
            # 使用 detach 函数从计算图分离隐藏状态,这是为了
            # 使模型参数的梯度计算只依赖一次迭代读取的小批量序列(防止梯度计算开销太大)
            if isinstance(state,tuple):# LSTM,state:(h,c)
                state =(state[0].detach(),state[1].detach())
            else:
                state = state.detach()
        batch_x,batch_y = batch_x.transpose(1,0).to(device),batch_y.to(device)

        optimizer.zero_grad()
        y_hat,state = net(batch_x,state)
        y_hat = y_hat.squeeze(0)
        error = criterion(y_hat,batch_y)
        loss += error.item()

        pred_y = y_hat.argmax(dim=1)
        y_true.extend(batch_y.tolist())
        y_pred.extend(pred_y.tolist())

    y_true,y_pred,y_probs = np.array(y_true),np.array(y_pred),np.array(y_probs)

    pre = precision_score(y_true,y_pred)
    recall = recall_score(y_true,y_pred)
    f1 = f1_score(y_true,y_pred)
    acc = accuracy_score(y_true,y_pred)
    loss /= len(dataloader)

    return loss,acc,pre,recall,f1
```

第四步，模型参数的设置，如代码 3.33 所示。

定义学习率为 0.001，训练次数为 30，并且将优化算法设置为 Adam 算法，损失函数使用交叉熵函数。

代码 3.33

```
lr,num_epochs = 0.001,30
net = MYRNN()
optimizer = torch.optim.Adam(net.parameters(),lr=lr)
net = net.to(device)
loss = torch.nn.CrossEntropyLoss()
```

```
state = None
```

第五步，训练 RNN 模型，如代码 3.34 所示。

调用训练函数进行训练，使用 detach 函数从计算图分离隐藏状态，这是为了使模型参数的梯度计算只依赖一次迭代读取的小批量序列（防止梯度计算开销太大）。

代码 3.34

```
for epoch in range(num_epochs):
    net.train()
    for X,y in trainloader:
        if state is not None:
            if isinstance(state,tuple):# LSTM,state:(h,c)
                state =(state[0].detach(),state[1].detach())
            else:
                state = state.detach()
        X,y = X.transpose(1,0).to(device),y.to(device)
        optimizer.zero_grad()
        y_hat,state = net(X,state)
        y_hat = y_hat.squeeze(0)
        l = loss(y_hat,y)
        l.backward()
        optimizer.step()
    tr_loss,tr_acc,tr_pre,tr_rec,tr_f1,tr_roc = evaluate(net,loss,trainloader)
    test_loss,test_acc,test_pre,test_recall,test_f1,test_roc = evaluate(net,loss,testloader)
        print('[epoch %d]\t train_loss %.4f,train_acc %.3f,tr_pre %.3f,tr_rec %.3f,tr_ f1 %.3f,tr_roc
%.3f,test_loss %.4f, test_acc %.3f,test_pre %.3f,test_recall %.3f,test_f1 %.3f,test_roc %. 3f' %(epoch +
1,tr_loss,tr_acc,tr_pre,tr_rec,tr_f1,tr_roc,test_loss,test_acc,test_pre,test_recall,test_f1,test_roc))
```

RNN 模型在训练集和测试集上进行 30 轮次训练的实验结果，如表 3.4 所示。

表 3.4　RNN 模型实验结果

数据集	损失值	准确率	精确率	召回率	F1 值
训练集	0.5593	0.705	0.699	0.787	0.740
测试集	0.9948	0.492	0.437	0.628	0.515

由表 3.4 可知，RNN 模型在训练集上的表现并不是很好，导致其在测试集上的效果也非常差，该模型并不适用于检测 NSL-KDD 数据集。

第六步，RNN 模型的 ROC 曲线的可视化，如代码 3.35 所示。

RNN 模型的 ROC 曲线可视化代码仅仅在模型计算时，与前述 CNN 模型的 ROC 曲线可视化代码有些不同，计算时需要对 state 变量进行 detach。

代码 3.35

```
def get_roc_micro(net,dataloader,num_class,color='deeppink'):
```

```
                score_list,label_list = [],[]
                state = None
                net.eval()
                for step,(batch_x,y)in enumcrate(dataloader):
                    if state is not None:
                        if isinstance(state,tuple):    # LSTM,state:(h,c)
                            state =(state[0].detach(),state[1].detach())
                        else:
                            state = state.detach()
                    batch_x,y = batch_x.transpose(1,0).to(device),y.to(device)
                    optimizer.zero_grad()
                    y_hat,state = net(batch_x,state)
                    y_hat = y_hat.squeeze(0)
                    score_tmp = y_hat
                    score_list.extend(score_tmp.detach().cpu().numpy())
                    label_list.extend(y.cpu().numpy())


                score_array = np.array(score_list)
                label_tensor = torch.tensor(label_list)
                label_tensor = label_tensor.reshape((label_tensor.shape[0],1))
                label_onehot = torch.zeros(label_tensor.shape[0],num_class)
                label_onehot.scatter_(dim=1,index=label_tensor,value=1) # 为标签位置赋值给 1
                label_onehot = np.array(label_onehot)


                fpr_dict = dict()
                tpr_dict = dict()
                roc_auc_dict = dict()
                fpr_dict["micro"],tpr_dict["micro"],_ = roc_curve(label_onehot.ravel(),score_array.ravel())
                roc_auc_dict["micro"] = auc(fpr_dict["micro"],tpr_dict["micro"])


                plt.plot(fpr_dict["micro"],tpr_dict["micro"],
                        label='micro-average ROC curve(area = {0:0.2f})'.format(roc_auc_dict["micro"]),
                        color=color,linestyle='-')
        get_roc_micro(net,trainloader,2,color='b')
        get_roc_micro(net,testloader,2)
        plt.legend(['train','test'])
```

简单 RNN 模型在数据集中的 ROC 曲线如图 3.26 所示。

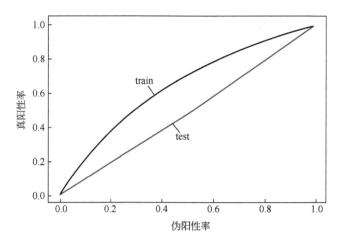

图 3.26　简单 RNN 模型的 ROC 曲线

可以看到图中测试集的 ROC 曲线的曲线面积仅仅在 0.5 左右，该模型并不适用于 NSL-KDD 数据集。

2．LSTM 的 PyTorch 实现

LSTM 的 PyTorch 实现的前几步与上述 RNN 算法的实现类似，下面只给出不同的步骤。

第一步，构建 LSTM 模型，如代码 3.36 所示。

在 __init__ 函数中，nn.LSTM 可以构建 LSTM 模型中的一个 LSTM 网络层，其中 input_size 表示输入层神经元的个数，hidden_size 表示隐藏层神经元的个数，num_layers 表示 lstm 的层数。再构建一个全连接神经网络。

代码 3.36

```
class MYLSTM(nn.Module):
    def __init__(self):
        super().__init__()
        self.lstm = nn.LSTM(input_size=121,hidden_size=60,num_layers=2)
        self.dense = nn.Sequential(nn.Linear(180,30),
                                   nn.Sigmoid(),
                                   nn.Linear(30,2))
        self.state = None    # 上一层状态,初始为 None
    def forward(self,X,state):
        Y,self.state = self.lstm(X,state) # LSTM 计算
        output = self.dense(Y.view(X.shape[1],-1))
return output,self.state
```

第二步，训练 LSTM 模型，如代码 3.37 所示。

定义学习率为 0.001，训练次数为 30，并且将优化算法设置为 Adam 算法，调用训练函数进行训练。

代码 3.37

```
lr,num_epochs = 0.001,5
net = MYLSTM()
```

```
optimizer = torch.optim.Adam(net.parameters(),lr=lr)
net = net.to(device)
loss = torch.nn.CrossEntropyLoss()
state = None


for epoch in range(num_epochs):
    net.train()
    for X,y in trainloader:
        if state is not None:
            if isinstance(state,tuple):# LSTM,state:(h,c)
                state =(state[0].detach(),state[1].detach())
            else:
                state = state.detach()
        X,y = X.transpose(1,0).to(device),y.to(device)
        optimizer.zero_grad()
        y_hat,state = net(X,state)
        y_hat = y_hat.squeeze(0)
        l = loss(y_hat,y)
        l.backward()
        optimizer.step()
    tr_loss,tr_acc,tr_pre,tr_rec,tr_f1 = evaluate(net,loss,trainloader)
    test_loss,test_acc,test_pre,test_recall,test_f1 = evaluate(net,loss,testloader)
    print('[epoch %d]\t  train_loss %.4f,train_acc %.3f,tr_pre %.3f,tr_rec %.3f,tr_f1 %.3f,tr_roc %.3f,
test_loss %.4f, test_acc %.3f,test_pre %.3f,test_recall %.3f,test_f1 %.3f,test_roc %.3f' %(epoch+ 1,tr_loss,
tr_acc,tr_pre,tr_rec,tr_f1,test_loss,test_acc,test_pre,test_recall,test_f1))
```

LSTM 模型在训练集和测试集上进行 30 轮次训练的实验结果，如表 3.5 所示。

表 3.5　LSTM 模型实验结果

数据集	损失值	准确率	精确率	召回率	F1 值
训练集	0.5651	0.706	0.715	0.748	0.731
测试集	0.9318	0.496	0.438	0.598	0.506

由表 3.5 可知，训练集上损失值较低，其他评价指标显示模型在训练集上的效果都好于在测试集上的效果。

第三步，LSTM 模型的 ROC 曲线的可视化。

LSTM 模型的 ROC 曲线可视化的代码和前面模型类似，这里不再重复。这里只给出 LSTM 模型的 ROC 曲线，如图 3.27 所示。

图 3.27 中，在训练集上的 ROC 曲线偏向于模型中间，在测试集上的 ROC 曲线处于中间位置，ROC 曲线下的面积都偏小，表示该模型并不适应于 NSL-KDD 数据集。

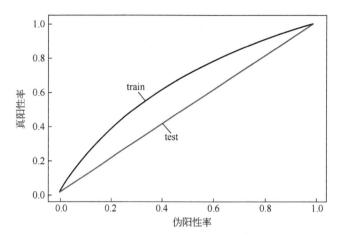

图 3.27　LSTM 模型的 ROC 曲线

3. GRU 的 PyTorch 实现

GRU 模型的 PyTorch 实现的前几步与上述 RNN 算法的实现类似，这里只介绍 GRU 模型的构建和模型的训练。

第一步，构建 GRU 网络模型，如代码 3.38 所示。

在__init__函数中使用 nn.GRU 函数构建 GRU 模型，其中重置门和更新门中的信息都保存在隐藏状态，input_size 表示输入层神经元的个数，hidden_size 表示隐藏层神经元的个数，num_layers 表示 lstm 的层数。再构建一个全连接神经网络。

代码 3.38

```
class MYGRU(nn.Module):
    def __init__(self):
        super().__init__()
        self.gru = nn.GRU(input_size=121,hidden_size=60,num_layers=1)
        self.dense = nn.Sequential(nn.Linear(180,30),
                                    nn.Sigmoid(),
                                    nn.Linear(30,2))
        self.state = None

    def forward(self,X,state):
        Y,self.state = self.gru(X,state) # gru 层计算
        output = self.dense(Y.view(X.shape[1],-1))
        return output,self.state
```

第二步，设置训练参数，如代码 3.39 所示。

定义学习率为 0.001，训练次数为 30，并且将优化算法设置为 Adam 算法，调用训练函数进行训练。

代码 3.39

```
lr,num_epochs = 0.001,30
net = MYGRU()
```

```
optimizer = torch.optim.Adam(net.parameters(),lr=lr)
net = net.to(device)
loss = torch.nn.CrossEntropyLoss()
state = None
```

第三步，模型的训练，如代码 3.40 所示。

代码 3.40

```
for epoch in range(num_epochs):
    net.train()
    for X,y in trainloader:
        if state is not None:
                # 使用 detach 函数从计算图分离隐藏状态,这是为了
                # 使模型参数的梯度计算只依赖一次迭代读取的小批量序列(防止梯度计算开销太大)
                if isinstance(state,tuple):# LSTM,state:(h,c)
                    state =(state[0].detach(),state[1].detach())
                else:
                    state = state.detach()
        X,y = X.transpose(1,0).to(device),y.to(device)
        optimizer.zero_grad()
        y_hat,state = net(X,state)
        y_hat = y_hat.squeeze(0)
        l = loss(y_hat,y)
        l.backward()
        optimizer.step()
    tr_loss,tr_acc,tr_pre,tr_rec,tr_f1,tr_roc = evaluate(net,loss,trainloader)
    test_loss,test_acc,test_pre,test_recall,test_f1,test_roc = evaluate(net,loss,testloader)
    print('[epoch %d]\t train_loss %.4f,train_acc %.3f,tr_pre %.3f,tr_rec %.3f,tr_f1 %.3f,tr_roc %.3f,
test_loss %.4f, test_acc %.3f,test_pre %.3f,test_recall %.3f,test_f1 %.3f,test_roc %.3f' %(epoch+ 1,end-start,
tr_loss,tr_acc,tr_pre,tr_rec,tr_f1,test_loss,test_acc,test_pre,test_recall,test_f1))
```

GRU 模型在训练集和测试集上进行 30 轮次训练的实验结果，如表 3.6 所示。

表 3.6　GRU 模型实验结果

数据集	损失值	准确率	精确率	召回率	F1 值
训练集	0.6009	0.669	0.673	0.741	0.706
测试集	0.8517	0.494	0.439	0.632	0.518

由表 3.6 可知，GRU 模型在训练集和测试集上的损失值都较高，所以其他评估指标效果基本都不高，可以考虑继续改进模型，或者换个其他合适的模型进行测试。

第四步，GRU 模型的 ROC 曲线的可视化。

GRU 模型的 ROC 曲线可视化的代码和前面模型类似,这里不再重复。这里只给出 GRU

模型的 ROC 曲线，如图 3.28 所示。

图 3.28 中，在训练集上的 ROC 曲线偏向于模型中间，在测试集上的 ROC 曲线处于中间位置，表示该模型还需要进一步的优化。

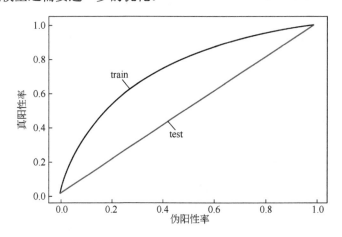

图 3.28　GRU 模型的 ROC 曲线

3.4　深度学习模型优化算法的实现

在深度学习问题中，通常会预先定义一个损失函数，有了损失函数以后，我们就可以使用优化算法尝试将其最小化。在优化中，这样的损失函数通常被称作优化问题的目标函数。依据惯例，优化算法通常只考虑最小化目标函数。本节将介绍梯度下降和随机梯度下降算法、AdaGrad 算法、RMSProp 算法、AdaDelta 算法、动量算法和 Adam 算法的 PyTorch 实现。

这里继续选用 NSL-KDD 数据集，加载数据集的代码不再重复。模型使用的是多层感知机使用的模型。下面介绍优化算法的步骤。

第一步，模型的构造。这里使用一个全连接神经网络模型进行测试，如代码 3.41 所示。

代码 3.41

```
net = nn.Sequential(nn.Linear(784,256),
                    nn.Sigmoid(),
nn.Linear(256,2))
    net = net.to(device)
```

第二步，优化算法的设置，如代码 3.42 所示。

构建了 6 个优化器，分别是随机梯度下降优化器、带动量的随机梯度下降优化器、AdaGrad 优化器、RMSProp 优化器、AdaDelta 优化器和 Adam 优化器。

代码 3.42

```
lr = 0.1
sgd = torch.optim.SGD(net.parameters(),lr=lr)
sgd_momentum = torch.optim.SGD(net.parameters(),lr=lr,momentum=0.9)
adagrad = torch.optim.Adagrad(net.parameters(),lr=lr)
```

```
rmsprop = torch.optim.RMSprop(net.parameters(),lr=lr)
adadelta = torch.optim.Adadelta(net.parameters())
adam = torch.optim.Adam(net.parameters(),lr=lr)
```

其中，各个优化器的第一个参数都是待优化的神经网络的参数，lr 为学习率。可以看出，AdaDelta 算法中不需要学习率这一参数，带有动量的随机梯度下降算法中，除了需要设置学习率外，还需要设置动量值。

第三步，初始化模型参数，如代码 3.43 所示。

为了保证优化器能从同一个初始的参数进行计算，这里定义一个模型参数初始化的函数。

代码 3.43

```
def init_net(net):
    for name,param in net.named_parameters():
        if 'weight' in name:
            init.normal_(param,mean=0,std=0.01)
```

第四步，定义模型训练函数并进行模型训练，如代码 3.44 所示。

每次调用训练函数进行优化前，需要调用模型参数初始化函数。训练函数中，保存各个优化器在每个 epoch 对模型进行优化时的损失值并将其返回保留，作为后续步骤使用。

代码 3.44

```
num_epochs = 10
loss = torch.nn.CrossEntropyLoss()
sgd_loss = []
sgd_momentum_loss = []
adagrad_loss = []
rmsprop_loss = []
adadelta_loss = []
adam_loss = []
def train(opt,train_iter=trainloader):
    loss_list = []
    for i in range(num_epochs):
        l = 0
        for X,y in train_iter:
            if len(X.shape)== 3:
                X = X.unsqueeze(1)
            X,y = X.cuda(),y.cuda()
            opt.zero_grad()
            y_hat = net(X)
            error = loss(y_hat,y)
            l += error.item()
            error.backward()
            opt.step()
```

```
          loss_list.append(l/len(train_iter))
     return loss_list


init_net(net)
sgd_loss = train(sgd)
init_net(net)
sgd_momentum_loss = train(sgd_momentum)
init_net(net)
adagrad_loss = train(adagrad)
init_net(net)
rmsprop_loss = train(rmsprop)
init_net(net)
adadelta_loss = train(adadelta)
init_net(net)
adam_loss = train(adam)
```

第五步，可视化显示，如代码 3.45 所示。

代码 3.45

```
plt.plot(range(num_epochs),sgd_loss)

plt.plot(range(num_epochs),sgd_momentum_loss)

plt.plot(range(num_epochs),adagrad_loss)

plt.plot(range(num_epochs),rmsprop_loss)

plt.plot(range(num_epochs),adadelta_loss)

plt.plot(range(num_epochs),adam_loss)

plt.legend(['sgd_loss','sgd_momentum_loss','adagrad_loss','rmsprop_loss','adadelta_loss','adam_loss'])
```

用可视化的方式将实验结果展示出来，如图 3.29 所示。

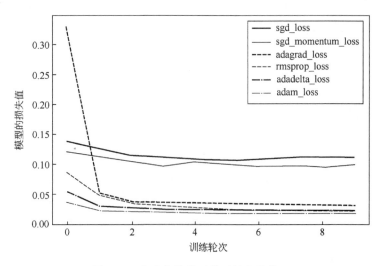

图 3.29 各个优化器对模型的优化情况

由图 3.29 可知，各类优化器随着训练轮次的增加，其模型的损失值都有所下降，就当前模型与数据集来说，adagrad 优化器的损失值最低，表示该优化器优化的效果好于其他优化器。

本章小结

　　本章主要介绍了深度学习中的三大核心网络：全连接神经网络、卷积神经网络和循环神经网络。并将相关网络模型和优化算法利用 PyTorch 深度学习框架，基于网络安全数据集 NSL-KDD，将模型的加载、训练、评估步骤以及代码进行了展示。

参考文献

[1] 张·阿斯顿，李沐，立顿·扎卡里 C，等. 动手学深度学习 [M]. 北京：人民邮电出版社，2019.

[2] HU J，SHEN L，ALBANIE S，et al. Squeeze-and-excitation networks [J]. IEEE Transactions on Pattern Analysis and Machine Intelligence，2020，42（8）：2011-2023.

[3] 邱锡鹏. 神经网络与深度学习 [M]. 北京：机械工业出版社，2020.

[4] IAN G，YOSHUA B，AARON C. 深度学习 [M]. 北京：人民邮电出版社，2017.

[5] LECUN Y，BOTTOU L，BENGIO Y. Gradient-based learning applied to document recognition [J]. Proceedings of the IEEE，1998，86（11）：2278-2324.

[6] SHIN H C，ROTH H R. GAO M C，et al. Deep convolutional neural networks for computer-aided detection：CNN architectures，dataset characteristics and transfer learning [J]. IEEE Transactions on Medical Imaging，2016，35（5）：1285-1298.

[7] JI J H，ZHONG B J，MA K K. Image interpolation using multi-scale attention-aware inception network [J]. IEEE Transactions on Image Processing，2020，29：9413-9428.

第4章 深度学习在入侵检测中的应用

传统的入侵检测（intrusion detection）技术，其识别方式主要依靠的是人工手动设置拦截规则，而在大数据时代，这种基于手动制定过滤规则的入侵检测模型则显得过于依赖高水平的安全人员。目前学术界与工业界都在积极探索如何利用人工智能技术提升入侵检测模型对于恶意流量的识别率。本章将主要介绍深度学习技术如何应用到入侵检测中，以此来提升入侵检测模型对于恶意流量的识别率。

4.1 入侵检测概念

"入侵检测"通常的定义为：识别对计算机或网络信息的恶意行为，并对此行为做出响应的过程[1]。入侵检测是网络安全的核心要素[2]。下面根据分类方式的不同，从六个方面来对入侵检测进行分类。

按数据源分类，入侵检测分为三种，分别是基于主机的入侵检测、基于网络的入侵检测和基于混杂数据源的入侵检测。基于主机的入侵检测能够监测系统运行状态、事件和日志文件，检测的目标系统主要是主机系统和本地用户。基于网络的入侵检测使用原始数据包作为数据源，并且可以提供实时的网络流量的检测，其核心思想是在网络环境下捕获网络流量并且对流量进行特征提取，然后对处理后的流量进行分析和比对，以判断当前流量是否为恶意流量。基于混杂数据源的入侵检测是一种综合了基于主机和基于网络两种数据源的方式，可以有效地提高入侵检测的能力。

按分析方法分类，入侵检测分为两种，分别是异常检测和误用检测。异常检测以正常的数据为样本，将新的样本对比正常样本数据，设置一个阈值，若是新的样本对比正常样本超过阈值，则认为它是异常样本，否则就是正常样本。异常检测能够检测出未曾出现过的攻击行为模式，但是对多个类别的分类效果并不好。误用检测是将异常数据和正常数据都作为样本进行建模，新的样本根据那些已知的样本进行分类，将其分到与之相似的类别中。所以，误用检测对于未知的攻击效果没有异常检测的效果好。

按检测方式分类，入侵检测分为两种，分别是实时检测和非实时检测。实时检测通过实时的监测来分析网络流量。实时检测通常需要高性能的硬件设备，可以应用到小型网络中，而在大型网络中达不到性能的要求。非实时检测也称为离线检测，是对一段时间内的被监测数据进行分析。一般是在事件发生后进行响应，事后的检测有大量的数据，同样也需要高性能的硬件。

按分布方式分类，入侵检测分为两种，分别是集中式检测和分布式检测。对于集中式还是分布式的判断主要体现在对于数据的收集上。

按检测结果分类，入侵检测分为两种，分别是二分类和多分类。二分类仅仅将数据分成正常数据和异常数据两个类别，不能对异常数据进一步分类。而多分类能够对异常数据进一步分类，将攻击类别细化到小类别中，便于对不同的攻击方式采取不同的应对措施。

按照响应方式分类，入侵检测分为两种，分别是主动响应和被动响应。主动响应指的是入侵检测系统会根据攻击方式采用不同的应对措施，例如，入侵检测系统识别出 DDOS 攻击，系统会禁止攻击主机的访问。而被动响应的入侵检测系统在发现攻击时，则只会发出警告，由网络管理员选择处理的方式。

4.2　入侵检测模型

目前，基于深度学习算法的入侵检测模型有很多。

1. 基于深度信念网络的模型

陈虹等[3]提出了一种基于 DBN-XGBDT 的入侵检测模型，该模型利用深度信念网络（deep belief networks，DBN）对数据集进行降维。图 4.1 展示了 DBN 降维模型，图 4.2 展示了预训练架构——受限玻尔兹曼机（restricted Boltzmann machines，RBM）模型。如图 4.1 所示，在 DBN 的顶层设置 BP 网络，接收 RBM 输出的特征信息作为其输入，有监督地训练分类器，而且每层 RBM 网络只能确保所处层的权值达到最优（即局部最优），但最终目标为全局最优，所以利用反向传播网络将误差信息自顶向下逐层传播，进而微调整个 DBN 网络。

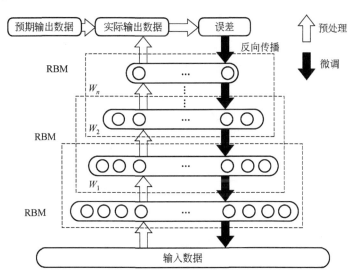

图 4.1　DBN 降维模型

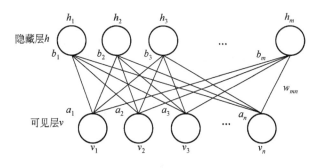

图 4.2　RBM 模型

现在的网络入侵数据量巨大，不同的网络攻击类别出现的频率不同，造成分类结果偏向于样本量占比多的类别，即造成了样本不均衡问题。为了解决这个问题，采用集成学习中的 XGBoost 模型，该模型具有良好的分类训练能力，可以结合其他模型达到良好的预期效果。缺点是难以处理高维的特征数据，而深度信念网络在处理海量高维数据时能够有效地实施降维，使得模型的计算效率更高、处理效果更好。本章讨论的模型利用深度信念网络实现特征降维，融合 XGBoost 算法构建强分类器，该方案实现了数据特征降维，同时降低了不均衡样本的影响。

2. 基于长短时记忆网络的模型

杨印根等[4]首先把 KDD99 数据集中的三类字符型特征数据通过 OneHot 编码转换成数值型数据，再利用长短时记忆（long short-term memory，LSTM）网络编码成词向量。图 4.3 展示了词嵌入过程，然后采用深度残差网络（residual network，ResNet）构建分类模型，图 4.4 展示了残差模型。

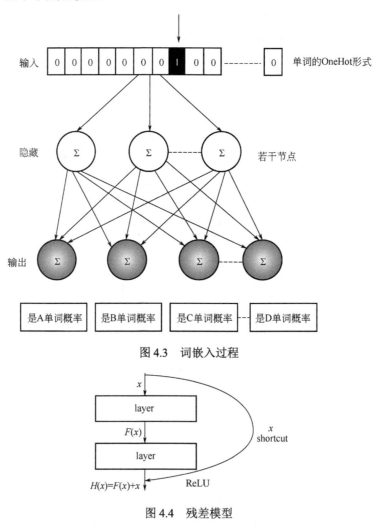

图 4.3 词嵌入过程

图 4.4 残差模型

残差模型可以处理更加庞大的数据量和复杂的特征，处理时序性特征时考虑了一定的上下文关系，这样可以更好地对数据之间的关联性和相似性进行分析。

3. 基于卷积神经网络的模型

李勇等[5]使用卷积神经网络建立分类模型，模型主要使用了 Inception 模型和残差网络结构。李荷婷等[6]使用卷积神经网络作为入侵检测模型，模型将每条网络流量当作一张二维的图像，利用卷积神经网络进行分类，提升了模型的准确率；但是该模型层数不够，不能够很好地提取总体特征。

利用卷积神经网络进行识别的模型，都需要经过预处理的步骤，先将样本中的字符型数据转换成数值型数据，然后再进行归一化操作，将其制作成 11×11 的二维图像，如图 4.5 所示。数据从一维转变为二维，会进一步提高卷积层的效果，方便提取特征。图 4.6 展示了异卷积神经网络结构，从图中可以看出，通过卷积神经网络和全连接神经网络后，就可以输出分类的结果了。

图 4.5　预处理之后的样本

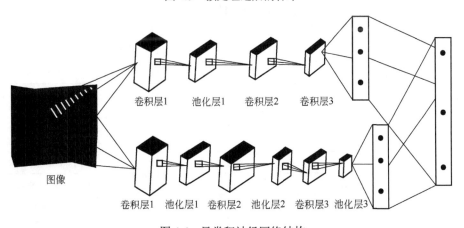

图 4.6　异卷积神经网络结构

4.3　卷积神经网络在入侵检测中的应用

本节采用的是 KDD99 入侵检测数据集[7]，KDD99 数据集与之前介绍的 NSL-KDD 数据集相似，只是 KDD99 数据集的数量更多。KDD99 数据集的预处理方式也与 NSL-KDD 数据集相同，这里不再赘述，数据预处理的代码参看代码 3.1～代码 3.11。

4.3.1　MINet_1d 网络模型

本小节设计了一个多层 Inception 网络层模型，该模型将数据视作一个一维图像来进行分类，也就是输入数据为1×121维的数据，所以下面称作 Multi-InceptionNet_1d[8]，简称为 MINet_1d。模型中使用的主要结构是模仿 Inception 结构所做的模型，如图 4.7 所示。

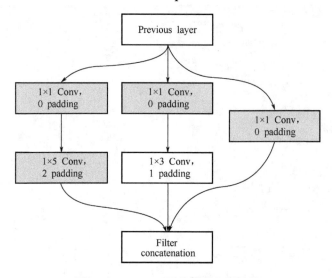

图 4.7　MINet_1d 网络模型主要结构

图 4.7 中 MINet_1d 网络模型结构有 3 层，并且为了防止过拟合，使用 Batch Normalization 正则化对每一层进行了优化，这样使得模型训练速度更快，模型精度更高。表 4.1 展示了整个网络模型结构。

表 4.1　MINet_1d 网络模型结构

层数	类型	核大小	步长	输入通道	输出通道	零填充	激活函数
L1	Inception	1×1	1	1	1	0	BatchNormal
		1×1	1	1	1	0	BatchNormal+ReLU
		1×3	1	1	1	1	BatchNormal
		1×1	1	1	1	0	BatchNormal+ReLU
		1×5	1	1	1	2	BatchNormal
L2	Conv	1×3	1	3	3	1	BatchNormal+ReLU
L3	Inception	1×1	1	3	6	0	BatchNormal
		1×1	1	3	3	0	BatchNormal+ReLU
		1×3	1	3	6	1	BatchNormal

层数	类型	核大小	步长	输入通道	输出通道	零填充	激活函数
L3	Inception	1×1 1×5	1 1	3 3	3 6	0 2	BatchNormal+ReLU BatchNormal
L4	Conv	1×3	1	18	18	0	BatchNormal+ReLU
L5	Inception	1×1	1	18	18	0	BatchNormal
		1×1 1×3	1 1	18 18	18 18	0 1	BatchNormal+ReLU BatchNormal
		1×1 1×3	1 1	18 18	18 18	0 2	BatchNormal+ReLU BatchNormal
L6	Conv	1×9	3	54	54	0	BatchNormal+ReLU
L7	FC						ReLU+Dropout
L8	FC						ReLU+Dropout
L9	FC						ReLU+Dropout

MINet_1d 网络模型的代码如代码 4.1 所示。

代码 4.1

```python
class MyNet(nn.Module):
    def __init__(self):
        super().__init__()
        self.MN1_1 = nn.Sequential(nn.Conv1d(in_channels=1,out_channels=1,kernel_size=1,padding=0), # nn.Conv1d 表示识别一维数据
                                    nn.BatchNorm1d(1))
        self.MN1_2 = nn.Sequential(nn.Conv1d(1,1,1),
                                    nn.BatchNorm1d(1,momentum=0.5),
                                    nn.ReLU(),
                                    nn.Conv1d(1,1,3,padding=1),
                                    nn.BatchNorm1d(1,momentum=0.5))
        self.MN1_3 = nn.Sequential(nn.Conv1d(1,1,1),
                                    nn.BatchNorm1d(1,momentum=0.5),
                                    nn.ReLU(),
                                    nn.Conv1d(1,1,5,padding=2),
                                    nn.BatchNorm1d(1,momentum=0.5))
        self.MN1_conv = nn.Sequential(nn.Conv1d(3,3,3),
                                    nn.BatchNorm1d(3,momentum=0.5),
                                    nn.ReLU())

        self.MN2_1 = nn.Sequential(nn.Conv1d(3,6,1),
                                    nn.BatchNorm1d(6,momentum=0.5))
        self.MN2_2 = nn.Sequential(nn.Conv1d(3,3,1),
```

```
                                    nn.BatchNorm1d(3,momentum=0.5),
                                    nn.ReLU(),
                                    nn.Conv1d(3,6,3,padding=1),
                                    nn.BatchNorm1d(6,momentum=0.5))
        self.MN2_3 = nn.Sequential(nn.Conv1d(3,3,1),
                                    nn.BatchNorm1d(3,momentum=0.5),
                                    nn.ReLU(),
                                    nn.Conv1d(3,6,5,padding=2),
                                    nn.BatchNorm1d(6,momentum=0.5))

        self.MN2_conv = nn.Sequential(nn.Conv1d(18,18,3),
                                    nn.BatchNorm1d(18,momentum=0.5),
                                      nn.ReLU())

        self.MN3_1 = nn.Sequential(nn.Conv1d(18,18,1),
                                    nn.BatchNorm1d(18,momentum=0.5))

        self.MN3_2 = nn.Sequential(nn.Conv1d(18,18,1),
                                    nn.BatchNorm1d(18,momentum=0.5),
                                    nn.ReLU(),
                                    nn.Conv1d(18,18,3,padding=1),
                                    nn.BatchNorm1d(18,momentum=0.5))

        self.MN3_3 = nn.Sequential(nn.Conv1d(18,18,1),
                                    nn.BatchNorm1d(18,momentum=0.5),
                                    nn.ReLU(),
                                    nn.Conv1d(18,18,5,padding=2),
                                    nn.BatchNorm1d(18,momentum=0.5))
        self.MN3_conv = nn.Sequential(nn.Conv1d(54,54,9,3),
                                    nn.BatchNorm1d(54,momentum=0.5),
                                      nn.ReLU())


        self.fc = nn.Sequential(nn.Linear(1998,1000),
                                nn.ReLU(),
                                nn.Dropout(0.5),
                                nn.Linear(1000,500),
                                nn.ReLU(),
                                nn.Dropout(0.5),
                                nn.Linear(500,100),
```

```
                                            nn.ReLU(),
                                            nn.Dropout(0.5),
                                            nn.Linear(100,5))

    def forward(self,x):
        p1_1 = self.MN1_1(x)
        p1_2 = self.MN1_2(x)
        p1_3 = self.MN1_3(x)
        o1_Y = torch.cat((p1_1,p1_2,p1_3),dim=1)# 将三个通道的结果结合起来
        o1 = self.MN1_conv(o1_Y)
        p2_1 = self.MN2_1(o1)
        p2_2 = self.MN2_2(o1)
        p2_3 = self.MN2_3(o1)
        o2_Y = torch.cat((p2_1,p2_2,p2_3),dim=1)
        o2_X = torch.cat(2 *(o1,o1,o1),dim=1)
        o2 = self.MN2_conv(o2_Y)
        p3_1 = self.MN3_1(o2)
        p3_2 = self.MN3_2(o2)
        p3_3 = self.MN3_3(o2)
        o3_Y = torch.cat((p3_1,p3_2,p3_3),dim=1)
        o3 = self.MN3_conv(o3_Y)
        output = self.fc(o3.view(x.shape[0],-1))
        return output
```

4.3.2　MINet_2d 网络模型

多层 Inception 网络与上面的 MINet_1d 网络模型类似，不同的是，2 维模型将数据视作 2 维宽和高都相同的图像。表 4.2 展现了 MINet_2d 网络模型的结构。

表 4.2　MINet_2d 网络模型结构

层数	类型	核大小	步长	输入通道	输出通道	零填充	激活函数
L1	Inception	1×1	1	1	1	0	BatchNormal
		1×1 3×3	1 1	1 1	1 1	0 1	BatchNormal+ReLU BatchNormal
		1×1 5×5	1 1	1 1	1 1	0 2	BatchNormal+ReLU BatchNormal
L2	Conv	3×3	1	3	3	0	BatchNormal+ReLU
L3	Inception	1×1	1	3	6	0	BatchNormal
		1×1 3×3	1 1	3 3	3 6	0 1	BatchNormal+ReLU BatchNormal

层数	类型	核大小	步长	输入通道	输出通道	零填充	激活函数
L3	Inception	1×1 5×5	1 1	3 3	3 6	0 2	BatchNormal+ReLU BatchNormal
L4	Conv	3×3	1	18	18	0	BatchNormal+ReLU
L5	Inception	1×1	1	18	18	0	BatchNormal
		1×1 3×3	1 1	18 18	18 18	0 1	BatchNormal+ReLU BatchNormal
		1×1. 3×3	1 1	18 18	18 18	0 2	BatchNormal+ReLU BatchNormal
L6	FC						ReLU+Dropout
L7	FC						ReLU+Dropout
L8	FC						ReLU+Dropout

MINet_2d 网络模型的代码如代码 4.2 所示。

代码 4.2

```python
class MYNET_2d(nn.Module):
    def __init__(self):
        super().__init__()
        # ms1_1
        self.ms1_1 = nn.Sequential(nn.Conv2d(in_channels=1,out_channels=1,kernel_size=1,padding=0),
                                   nn.BatchNorm2d(1,momentum=0.5),
                                   nn.ReLU())
        # ms1_2
        self.ms1_2 = nn.Sequential(nn.Conv2d(in_channels=1,out_channels=1,kernel_size=1),
                                   nn.BatchNorm2d(1,momentum=0.5),
                                   nn.ReLU(),

nn.Conv2d(in_channels=1,out_channels=1,kernel_size=3,padding=1),
                                   nn.BatchNorm2d(1,momentum=0.5),
                                   nn.ReLU())
        # ms1_3
        self.ms1_3 = nn.Sequential(nn.Conv2d(in_channels=1,out_channels=1,kernel_size=1),
                                   nn.BatchNorm2d(1,momentum=0.5),
                                   nn.ReLU(),

nn.Conv2d(in_channels=1,out_channels=1,kernel_size=5,padding=2),
                                   nn.BatchNorm2d(1,momentum=0.5),
                                   nn.ReLU())
        self.conv1 = nn.Sequential(nn.Conv2d(in_channels=3,out_channels=3,kernel_size=3),
```

```
                                                    nn.BatchNorm2d(3,momentum=0.5),
                                                    nn.ReLU())

                # ms2_1
                self.ms2_1 = nn.Sequential(nn.Conv2d(in_channels=3,out_channels=6,kernel_size=1,padding=0),
                                                    nn.BatchNorm2d(6,momentum=0.5),
                                                    nn.ReLU())
                # ms2_2
                self.ms2_2 = nn.Sequential(nn.Conv2d(in_channels=3,out_channels=3,kernel_size=1),
                                                    nn.BatchNorm2d(3,momentum=0.5),
                                                    nn.ReLU(),

nn.Conv2d(in_channels=3,out_channels=6,kernel_size=3,padding=1),
                                                    nn.BatchNorm2d(6,momentum=0.5),
                                                    nn.ReLU())
                # ms2_3
                self.ms2_3 = nn.Sequential(nn.Conv2d(in_channels=3,out_channels=3,kernel_size=1),
                                                    nn.BatchNorm2d(3,momentum=0.5),
                                                    nn.ReLU(),

nn.Conv2d(in_channels=3,out_channels=6,kernel_size=5,padding=2),
                                                    nn.BatchNorm2d(6,momentum=0.5),
                                                    nn.ReLU())
                self.conv2 = nn.Sequential(nn.Conv2d(in_channels=18,out_channels=18,kernel_size=3),
                                                    nn.BatchNorm2d(18,momentum=0.5),
                                                    nn.ReLU())


                # ms3_1
                self.ms3_1 = nn.Sequential(nn.Conv2d(in_channels=18,out_channels=18,kernel_size=1,padding=0),
                                                    nn.BatchNorm2d(18,momentum=0.5),
                                                    nn.ReLU())
                # ms3_2
                self.ms3_2 = nn.Sequential(nn.Conv2d(in_channels=18,out_channels=18,kernel_size=1),
                                                    nn.BatchNorm2d(18,momentum=0.5),
                                                    nn.ReLU(),

nn.Conv2d(in_channels=18,out_channels=18,kernel_size=3,padding=1),
                                                    nn.BatchNorm2d(18,momentum=0.5),
                                                    nn.ReLU())
                # ms3_3
```

```
        self.ms3_3 = nn.Sequential(nn.Conv2d(in_channels=18,out_channels=18,kernel_size=1),
                            nn.BatchNorm2d(18,momentum=0.5),
                            nn.ReLU(),

nn.Conv2d(in_channels=18,out_channels=18,kernel_size=5,padding=2),
                            nn.BatchNorm2d(18,momentum=0.5),
                            nn.ReLU())

        self.fc = nn.Sequential(nn.Linear(2646,800),
                            nn.ReLU(),
                            nn.Dropout(0.5),
                            nn.Linear(800,400),
                            nn.ReLU(),
                            nn.Dropout(0.5),
                            nn.Linear(400,5))

    def forward(self,kdd_data):
        p1_1 = self.ms1_1(kdd_data)
        p1_2 = self.ms1_2(kdd_data)
        p1_3 = self.ms1_3(kdd_data)
        o1 = torch.cat((p1_1,p1_2,p1_3),dim=1) # 将 3 个通道的结果结合起来
# 在通道维上连接输出
        o1 = self.conv1(o1)
        p2_1 = self.ms2_1(o1)
        p2_2 = self.ms2_2(o1)
        p2_3 = self.ms2_3(o1)
        o2 = torch.cat((p2_1,p2_2,p2_3),dim=1) # 将 3 个通道的结果结合起来
        o2 = self.conv2(o2)
        p3_1 = self.ms3_1(o2)
        p3_2 = self.ms3_2(o2)
        p3_3 = self.ms3_3(o2)
        o3 = torch.cat((p3_1,p3_2,p3_3),dim=1)# 将 3 个通道的结果结合起来
        o4 = self.fc(o3.view(kdd_data.shape[0],-1)) # 全连接神经网络分类
    return o4
```

4.3.3 MI&Residual_Net 网络模型

这里采用的也是多层 Inception 网络结构，另外添加了残差网络，图 4.8 展示了残差网络的结构，Inception 网络结构部分类似于前面的网络，不同的是添加了残差结构，所以没有额外的网络模型参数，就不再展示了。

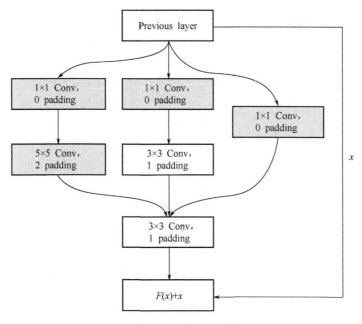

图 4.8　残差网络结构

这里，残差网络结构输出的结果，使用激活函数 ReLU 之后作为下一层的输入。

MI&Residual_Net 网络模型的代码如代码 4.3 所示。

代码 4.3

```
class MyNet_2d_Residual(nn.Module):
    def __init__(self):
        super().__init__()
        # ms1_1
        self.ms1_1 = nn.Sequential(nn.Conv2d(in_channels=1,out_channels=1,kernel_size=1,padding=0),
                                    nn.BatchNorm2d(1,momentum=0.5),
                                    nn.ReLU())
        # ms1_2
        self.ms1_2 = nn.Sequential(nn.Conv2d(in_channels=1,out_channels=1,kernel_size=1),
                                    nn.BatchNorm2d(1,momentum=0.5),
                                    nn.ReLU(),

nn.Conv2d(in_channels=1,out_channels=1,kernel_size=3,padding=1),
                                    nn.BatchNorm2d(1,momentum=0.5),
                                    nn.ReLU())
        # ms1_3
        self.ms1_3 = nn.Sequential(nn.Conv2d(in_channels=1,out_channels=1,kernel_size=1),
                                    nn.BatchNorm2d(1,momentum=0.5),
                                    nn.ReLU(),
```

```
nn.Conv2d(in_channels=1,out_channels=1,kernel_size=5,padding=2),
                                nn.BatchNorm2d(1,momentum=0.5),
                                nn.ReLU())
        self.conv1 = nn.Sequential(nn.Conv2d(in_channels=3,out_channels=3,kernel_size=3),
                                nn.BatchNorm2d(3,momentum=0.5),
                                nn.ReLU())
        # ms2_1
        self.ms2_1 = nn.Sequential(nn.Conv2d(in_channels=3,out_channels=6,kernel_size=1,padding=0),
                                nn.BatchNorm2d(6,momentum=0.5),
                                nn.ReLU())
        # ms2_2
        self.ms2_2 = nn.Sequential(nn.Conv2d(in_channels=3,out_channels=3,kernel_size=1),
                                nn.BatchNorm2d(3,momentum=0.5),
                                nn.ReLU(),

nn.Conv2d(in_channels=3,out_channels=6,kernel_size=3,padding=1),
                                nn.BatchNorm2d(6,momentum=0.5),
                                nn.ReLU())
        # ms2_3
        self.ms2_3 = nn.Sequential(nn.Conv2d(in_channels=3,out_channels=3,kernel_size=1),
                                nn.BatchNorm2d(3,momentum=0.5),
                                nn.ReLU(),

nn.Conv2d(in_channels=3,out_channels=6,kernel_size=5,padding=2),
                                nn.BatchNorm2d(6,momentum=0.5),
                                nn.ReLU())
        self.conv2 = nn.Sequential(nn.Conv2d(in_channels=18,out_channels=18,kernel_size=3),
                                nn.BatchNorm2d(18,momentum=0.5),
                                nn.ReLU())
        # ms3_1
        self.ms3_1 = nn.Sequential(nn.Conv2d(in_channels=18,out_channels=18,kernel_size=1,padding=0),
                                nn.BatchNorm2d(18,momentum=0.5),
                                nn.ReLU())
        # ms3_2
        self.ms3_2 = nn.Sequential(nn.Conv2d(in_channels=18,out_channels=18,kernel_size=1),
                                nn.BatchNorm2d(18,momentum=0.5),
                                nn.ReLU(),

nn.Conv2d(in_channels=18,out_channels=18,kernel_size=3,padding=1),
                                nn.BatchNorm2d(18,momentum=0.5),
```

```
                                        nn.ReLU())
        # ms3_3
        self.ms3_3 = nn.Sequential(nn.Conv2d(in_channels=18,out_channels=18,kernel_size=1),
                                    nn.BatchNorm2d(18,momentum=0.5),
                                    nn.ReLU(),
nn.Conv2d(in_channels=18,out_channels=18,kernel_size=5,padding=2),
                                    nn.BatchNorm2d(18,momentum=0.5),
                                    nn.ReLU())


        self.fc = nn.Sequential(nn.Linear(2646,800),
                                nn.ReLU(),
                                nn.Dropout(0.5),
                                nn.Linear(800,400),
                                nn.ReLU(),
                                nn.Dropout(0.5),
                                nn.Linear(400,5))


    def forward(self,kdd_data):
        p1_1 = self.ms1_1(kdd_data)
        p1_2 = self.ms1_2(kdd_data)
        p1_3 = self.ms1_3(kdd_data)
        o1 = torch.cat((p1_1,p1_2,p1_3),dim=1)
    # 在通道维上连接输出
        o1 = self.conv1(o1)
        o1 = F.relu(o1 + kdd_data)
        p2_1 = self.ms2_1(o1)
        p2_2 = self.ms2_2(o1)
        p2_3 = self.ms2_3(o1)
        o2 = torch.cat((p2_1,p2_2,p2_3),dim=1)
        o2_X = torch.cat(2 *(o1,o1,o1),dim=1)
        o2 = self.conv2(o2)
        o2 = F.relu(o2 + o2_X) # 残差结构
        p3_1 = self.ms3_1(o2)
        p3_2 = self.ms3_2(o2)
        p3_3 = self.ms3_3(o2)
        o3 = torch.cat((p3_1,p3_2,p3_3),dim=1)
        o4 = self.fc(o3.view(kdd_data.shape[0],-1))
return o4
```

4.3.4 卷积神经网络模型的对比实验结果

下面将上述的 3 个模型与经典的 LeNet 模型在 KDD99 数据集上的识别效果进行比较，图 4.9 展示了 4 个模型在训练过程中的损失值与准确率的对比。

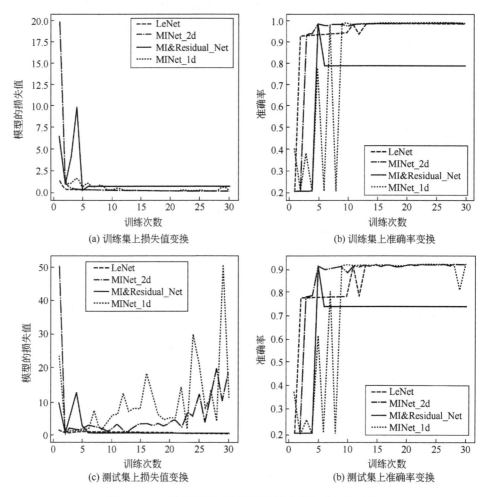

图 4.9　4 个卷积神经网络模型的损失值与准确率对比

随着训练次数的增加，在训练集上的损失值会逐渐减少。测试集中损失值并不是随着训练次数的增加而减少，而是出现一开始降低、后面却增加的情况，但是测试集上的准确率还是会逐步上升，并出现波动的情况。

表 4.3 展现的是 4 个卷积神经网络模型进行训练之后在测试集上的召回率，表 4.4 展现的是测试集上分类的精确率。

表 4.3　测试集中各分类的召回率

模型名称	DOS	R2L	NORMAL	PROBE	U2R
LeNet	0.760	0.072	0.683	0.696	0.250
MINet_1d	0.901	0.121	0.957	0.786	0.167
MINet_2d	0.975	0.092	0.830	0.860	0.219
MI&Residual_Net	0.839	0.097	0.972	0.884	0.206

表 4.4　测试集中各分类的精确率

模型名称	DOS	R2L	NORMAL	PROBE	U2R
LeNet	0.987	0.304	0.542	0.057	0.019
MINet_1d	0.992	0.547	0.743	0.161	0.148
MINet_2d	0.959	0.732	0.720	0.778	0.061
MI&Residual_Net	0.998	0.723	0.753	0.100	0.063

经过对比可以发现，不同模型对于不同的攻击类别识别的效果各不相同，并不容易比较各个模型的差距，可以通过使用 ROC 曲线和 AUC 面积大小来判断各个模型整体的识别效果。图 4.10 展示了这 4 个模型的 ROC 曲线和它们的 AUC 面积大小，通过 AUC 面积的大小可以得知 MI&Residual_Net 模型的效果最好。

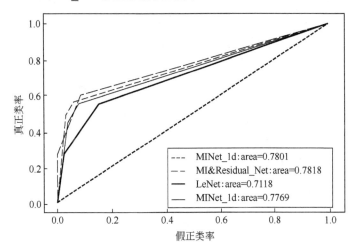

图 4.10　网络模型的 ROC 曲线和 AUC 面积

其中，MI&Residual_Net 模型在整体上的识别率最好。各个网络模型对于不同样本类别的识别效果各有优劣，所以应该尽可能地融合各个模型的优势。

下面将各个模型只进行二分类（即只区分正常样本和异常样本）识别，模型在二分类上的识别效果如表 4.5 所示。

表 4.5　模型二分类识别效果

模型名称	准确率	召回率	F1 值
LeNet	0.805	1.0	0.892
MINet_1d	0.996	0.880	0.935
MINet_2d	0.998	0.904	0.948
MI&Residual_Net	0.996	0.906	0.949

4.3.5　CNN 与 LSTM 的对比试验

前面给出了 4 个 CNN 模型的比较结果，从实验结果可以得出，MI&Residual_Net 模型在准确率、召回率、F1 值评价指标上结果较好，因此对于入侵检测问题，MI&Residual_Net 模型最优。接下来将 MI&Residual_Net 模型跟 LSTM 模型进行比较，表 4.6 展示了 LSTM

模型和 MI&Residual_Net 模型的召回率，表 4.7 展示了 LSTM 模型和 MI&Residual_Net 模型的精确率。通过图 4.11 中 LSTM 模型与 MI&Residual_Net 模型的 ROC 曲线和 AUC 面积大小，可以看出 LSTM 模型略有提升，但是提升幅度不大。

表 4.6　LSTM 模型和 MI&Residual_Net 模型的召回率

模型名称	DOS	R2L	NORMAL	PROBE	U2R
LSTM	0.972	0.067	0.980	0.793	0.180
MI&Residual_Net	0.839	0.097	0.972	0.884	0.206

表 4.7　LSTM 模型和 MI&Residual_Net 模型的精确率

模型名称	DOS	R2L	NORMAL	PROBE	U2R
LSTM	0.998	0.640	0.743	0.681	0.057
MI&Residual_Net	0.998	0.723	0.753	0.100	0.063

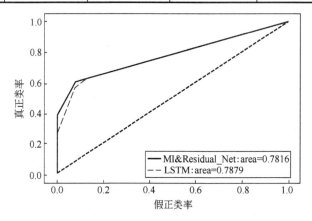

图 4.11　LSTM 模型与 MI&Residual_Net 模型的 ROC 曲线和 AUC 面积

本章小结

　　本章主要介绍了入侵检测的相关概念，随后总结了常用的深度学习模型，并将这些模型应用到入侵检测中进行实践，在网络模型的构建上也给出了完整的代码，还给出了各个深度学习模型在 KDD99 数据集上的识别效果的比较说明，总体上 LSTM 模型和 MI&Residual_Net 模型最优，但是在各个小类别上的识别，不同的网络模型各有优势。最好的办法是将这些模型集成起来，设计一个集成的强分类器。

参考文献

[1] 杨东晓，熊瑛，车碧琛. 入侵检测与入侵防御[M]. 清华大学出版社：北京，2020.

[2] 张勇东，陈思洋，彭雨荷，等. 基于深度学习的网络入侵检测研究综述[J]. 广州大学学报（自然科学版），2019，18（3）：17-26.

[3] 陈虹，王闰婷，肖成龙，等. 基于 DBN-XGBDT 的入侵检测模型研究[J]. 计算机工程与应用，2020，56（22）：83-91.

[4] 杨印根，王忠洋. 基于深度神经网络的入侵检测技术[J]. 网络安全技术与应用，2019（4）：37-41.

[5] 李勇，张波. 一种基于深度 CNN 的入侵检测算法[J]. 计算机应用与软件，2020，37（4）：324-328.

[6] 李荷婷，冯仁君，陈海雁，等. 基于异卷积神经网络的入侵检测[J].计算机与现代化，2019（10）：117-120，126.

[7] ALDAWERI M S，ARIFFIN K A Z，ABDULLAH S，et al. An analysis of the KDD99 and UNSW-NB15 datasets for the intrusion detection system [J]. Symmetry，2020，12（10）：1666-1698.

[8] ZHONG J L，PUN C M. An end-to-end dense-inceptionnet for image copy-move forgery detection [J]. IEEE Transactions on Information Forensics and Security，2019（15）：2134-2146.

第 5 章　深度学习在恶意代码检测中的应用

早在计算开始出现时，恶意代码（malicious code）的威胁就已经存在了[1]。从最初简单的计算机病毒，到现在复杂的智能终端恶意代码、勒索病毒等都属于恶意代码的范畴。本章首先介绍恶意代码的定义和特征，然后介绍恶意代码的检测技术和检测模型，最后介绍卷积神经网络和图神经网络在恶意代码检测中的应用。

5.1　恶意代码概述

国家计算机网络应急技术处理协调中心公布的《2014 年中国互联网网络安全报告》[2]显示，在 2014 年，恶意代码已经成为网络安全中的主要威胁之一[3]，它是在未被授权的情况下，以破坏软硬件设备、窃取用户信息、扰乱用户心理、干扰正常用户使用为目的而编制的软件或代码片段[4]。广义上讲，恶意代码又称恶意软件或者恶意程序[5]。

根据定义，恶意代码包括但不限于计算机病毒、蠕虫、特洛伊木马、间谍软件、恶意广告、流氓软件、逻辑炸弹、后门、僵尸网络、网络钓鱼、恶意脚本、垃圾信息、智能终端恶意代码等。由于恶意代码是具有特殊功能的程序或代码片段，往往带有巨大的危害性，主要体现在破坏数据、侵害系统、窃取信息、泄露隐私等方面。除此之外，恶意代码还具有独特的感染和传播能力，能在局域网或者互联网中迅速感染主机并快速传播蔓延。

由于恶意代码种类较多，因此很难得到一个统一的特征。但是总体来说，恶意代码具有 3 个明显的共同特征。

1. 目的性

目的性是恶意代码的最基本特性，是判断程序或代码片段是否为恶意代码的最主要特征。

2. 传播性

传播性是恶意代码生存与发展的重要手段。通过各种传播手段，恶意代码将自己尽可能传播出去，尽可能多地接触各种软硬件设施，并进行感染。

3. 破坏性

破坏性是恶意代码主要的表现形式。不同的恶意代码会对受感染的机器造成不同程度的破坏：轻则造成系统资源消耗，占用内存；重则破坏系统数据，甚至破坏系统硬件设施。

5.2　恶意代码检测技术

自古有攻就会有防，伴随着恶意代码技术的出现，反恶意代码技术也应运而生。恶意代码检测是对抗恶意代码的首要技术，它的主要目的是对软件或者代码的特征数据进行分析，从而判断是否为恶意代码。检测的准确性决定了能否清除恶意代码以及消除恶意代码带来的危害。

恶意代码的检测技术按照是否运行恶意代码分为静态检测技术和动态检测技术。

5.2.1　静态检测技术

静态检测技术是比较基础和常用的检测技术[6-7]，在不运行恶意代码的情况下，通过反汇编、反编译等技术来分析未执行的程序的结构、流程和功能，进而判断是否为恶意代码或是否含有恶意的代码片段。因此，这类方法是较为完备的检测方法。常用的静态检测技术包括特征码检测技术、启发式扫描技术、完整性检测技术等。

1. 特征码检测技术

特征码检测技术是最常用的恶意代码检测技术之一。特征码实际上是恶意代码中所具有的一段特征指令序列，能唯一地标识恶意代码，用来与正常的代码或其他类型的恶意代码进行区别。其检测过程是：从目标的代码中提取特征码，然后与由恶意代码的特征码构成的特征库进行比对，判断目标代码中是否含有相同或类似的特征数据，有则认为是恶意代码。

特征码检测技术的关键是特征码的提取，常用的方法有两种：手动方法和自动方法。手动方法是指通过人工的方式对二进制代码进行反汇编分析，判断代码中是否含有非常规的代码片段，进而标识相应的机器码作为特征码。自动方法是指通过构造可被感染的程序，触发恶意代码进行感染，然后分析被感染的程序，发现感染区域中的相同部分，作为候选，然后在正常的程序中进行检查，选择误警率最低的一个或几个作为特征码。此外，在提取特征码时应遵循一个原则[8]：在保证特征码唯一性的前提下，尽量使特征码的长度短一些，以减少时空的开销。

特征码检测技术的检测精度高、误警率低且可识别恶意代码的名称。但是存在以下缺点：检测速度慢，只能检测已知的、经过彻底研究的恶意代码，不能检测未知的和变种的恶意代码，且无法应对隐蔽（如自修改代码、自产生代码）的恶意代码。甚至由于恶意代码采用了代码变形、代码混淆、代码加密、加壳技术等自我保护技术，导致一部分已知的恶意代码不能通过特征码检测的方式识别出来。

2. 启发式扫描技术

启发式扫描技术是基于给定的扫描技术和判断规则，检测目标程序是否含有特殊的程序指令，并做出预警或判断的恶意代码检测技术。启发式扫描技术不仅能够有效地检测已知的恶意代码，还能对一些变种或未知的恶意代码进行识别。

该技术是对特征码检测技术的一种改进。其过程是：当对目标程序分析，并提取相应特征后，赋予每个特征一定的权重，进行求和，并与设定的阈值进行比较并判定。即：若用 F_i 表示特征，W_i 表示权重，Threshold 为设定的阈值，若有 $\sum F_i W_i >$ Threshold ，则认为目标程序为恶意代码。这里的特征包括已知的植入、隐藏、修改注册表，自修改代码，调用未导出的 API，操纵中断向量，使用非常规的指令或特殊字符串等。

启发式扫描技术也存在误警现象，有时会将一个正常的程序判定为恶意代码，而且这种方法本质上仍旧是基于特征的提取，所以只要恶意代码的编写者通过改变恶意代码的特征就能绕过启发式扫描技术的检测。尽管如此，启发式扫描技术仍然在恶意代码检测软件中得到了推广和应用。

3. 完整性检测技术

完整性检测技术采用文件的哈希值作为恶意代码的评判标准。在初始状态下，使用

MD5、SHA-1 等哈希算法得到文件的哈希值并记录保存。当每次使用文件时，都对文件进行哈希值的计算，并与初始状态下的哈希值进行比较，进而发现文件是否被篡改。这种方法既能检测已知的恶意代码，如需要宿主文件的计算机病毒、特洛伊木马、Rootkit 等；也能检测未知的恶意代码。

这种检测方法以哈希值作为依据，实现方式较为简单，且能对文件的细微变化进行察觉，保护能力强。但是也存在一些问题：恶意代码并非是引起文件哈希值改变的唯一因素，也可能是正常程序引起的文件内容的改变，如版本更新、口令变更等因素导致的哈希值改变，从而引起误判。此外这种方法不能识别恶意代码的名称、对隐蔽性恶意代码无效。因此完整性检测技术往往作为辅助的恶意代码检测技术而得到应用，如系统的安全扫描等。

5.2.2 动态检测技术

动态检测技术是指在运行目标程序的情形下，通过观察分析程序的行为，比较程序运行环境的变化来判断目标程序是否包含恶意行为；通过分析目标程序一次或多次执行的特性，确定是否存在恶意行为。动态检测技术可以准确地检测出程序的异常属性，但是无法判断某个特定的属性是否确定存在，因此动态检测技术是不完全的。常用的动态检测技术包括行为监控检测技术、代码仿真检测技术等。

1. 行为监控检测技术

行为监控检测技术是指通过系统监控工具来审查目标程序在运行时对系统环境造成的变化，根据程序的行为对系统造成的影响判定是否具有恶意属性。恶意行为是在对大量恶意代码和正常程序的分析研究的基础上归纳总结出来的，主要是目标程序对系统造成的负面影响。例如，为了保证自己的自启动功能和进程隐藏功能，恶意代码通常会修改系统注册表和系统文件，或者会修改系统配置文件。此外还有搜索 API 函数地址、对可执行文件进行写入操作、访问可疑的 URL 地址并下载文件等。行为监控检测通过分析系统的变化来进行恶意代码检测，分析方法相对简单，效果明显，已经成为恶意代码检测技术的常用方法之一。

行为监控检测属于异常检测的范畴，一般包含数据收集、解释分析、行为匹配 3 个模块。其核心是如何有效地对数据进行收集，一般的程序是通过调用 API 函数实现对系统环境的操作行为。因此，可以通过系统监控工具监视程序调用的 API 函数和相关的参数进行数据的收集。

按照监控的行为类型，行为监控检测可分为网络行为分析和主机行为分析；按照监控的对象不同，可分为文件系统监控、进程监控、网络监控和注册表监控等。目前可用于监控分析的工具有很多，例如 FileMon 是常用的文件监控工具，能记录与文件相关的操作行为（如读写、删除、保存等）；Process Explorer 是一款专业的进程监控工具，可以观察进程的相关变化；TCP View、Nmap、Wireshark 则是常用的网络监控分析工具。

2. 代码仿真检测技术

代码仿真检测技术是指将目标程序在一个可控的仿真环境下运行，如虚拟机、沙箱等，通过跟踪目标程序执行过程中调用的系统函数、指令的行为特征等进行恶意代码分析。在程序运行时进行动态的跟踪，能准确高效地捕捉程序的异常行为，因此代码仿真检测技术的误警率较低。此外，由于是在虚拟的环境下运行程序，即使恶意代码发作也不会对真实的系统造成影响。但是，这种方法也存在缺陷：代码仿真检测技术只能检测程序执行路径上的行为，可能会造成检测的不完整。

5.3　基于深度学习的恶意代码检测模型

近年来，出现了许多基于机器学习和深度学习技术的恶意代码检测的研究[9]，同时，此类技术已经大量地应用于恶意代码检测，并且取得了良好的成绩。尤其是在拥有大量数据的情况下，许多机器学习和深度学习模型都凸显了其解决大规模恶意代码问题的良好能力。比较成熟的方法有机器学习模型的分类技术、聚类技术，深度学习中的深度神经网络等。这些技术都突破了传统恶意代码检测的弊端，在分析大量的变种甚至未知样本、提高检测的速度和准确率等方面，对传统的恶意代码检测技术进行了大力改进。本节将介绍恶意代码检测的相关研究和基于深度学习的恶意代码检测模型。

基于机器学习和深度学习的恶意代码检测模型的相关研究与文献如表 5.1 所示。

表 5.1　机器学习和深度学习在恶意代码检测应用中的相关研究

作者	文献	研究介绍
Egele M, Scholte T, Kirda E, Kruegel C	A survey on automated dynamic malware-analysis techniques and tools. ACM Computing Surveys（CSUR）, 2008, 44（2）: 1-42	介绍潜在的恶意代码样本动态分析的研究进展，介绍采用恶意代码分析技术和工具帮助人们评估恶意代码的方法
Wang J, Deng P, Fan Y, Jaw L, Liu Y	Virus detection using data mining techniques. Proceedings of IEEE International Conference on Data Mining, 2003	基于数据挖掘技术，提出一种用于检测未知计算机病毒的自动启发式方法——决策树和朴素贝叶斯网络算法
Muhammad Amin, Tamleek Ali Tanveer, Mohammad Tehseen, Murad Khan, Fakhri Alam Khan, Sajid Anwar	Static malware detection and attribution in android byte-code through an end-to-end deep system. Future Generation Computer Systems, 2020, 102: 112-126	提出一种基于深度学习的反恶意软件系统模型来解决安卓恶意软件检测和归因的难题
Xinbo Liu, Yaping Lin, He Li, Jiliang Zhang	A novel method for malware detection on ML-based visualization technique. Computers & Security, 2020, 89	提出一种基于对抗训练（AT）的恶意代码可视化检测方法，命名为 Visual-AT，它不仅提高恶意软件分析的检测精度，而且可以防止恶意软件对抗样本（AEs）和相关变种的潜在攻击
王国栋, 芦天亮, 尹浩然, 张建岭	基于 CNN-BiLSTM 的恶意代码家族检测技术.计算机工程与应用, 2020, 56（24）: 72-77	提出一种基于 CNN-BiLSTM 网络的恶意代码家族检测方法，将恶意代码家族可执行文件直接转换为灰度图像，利用 CNN-BiLSTM 网络模型对图像数据集进行检测分类
傅依娴, 芦天亮, 马泽良	基于 One-Hot 的 CNN 恶意代码检测技术.计算机应用与软件, 2020,36（1）: 304-308	利用 Cuckoo 沙箱系统模拟运行环境并提取分析报告；通过编写 Python 脚本对分析报告进行预处理；搭建深度学习 CNN 训练模型来实现对恶意代码的检测
贾立鹏, 王凤英, 姜倩玉	基于 DQN 的恶意代码检测研究.网络安全技术与应用, 2020（6）: 56-60	提出建立基于 DQN 的恶意代码分类模型对恶意代码灰度图像进行分类的方法。该方法结合强化学习的试错机制和动作优化策略，以及深度学习对图像深层特征的挖掘，实现对恶意代码的识别

深度学习目前越来越受到广大研究者的欢迎，因为它们在许多领域带来了性能的

提高[10]，虽然有些方法还没有广泛地应用于恶意代码的检测当中，但是，仍有尝试将深度学习引入这一应用领域的努力。例如，前馈神经网络被用于分析恶意代码[11]；循环神经网络被用于建模系统调用序列，以构建恶意代码的语言模型[12]；以及在图像识别领域取得巨大成就的卷积神经网络也可以应用于恶意代码的分类当中。

5.3.1 基于卷积神经网络的恶意代码检测模型

基于卷积神经网络的恶意代码检测模型的关键是构造适合于卷积神经网络的数据集。图 5.1 是文献[10]中基于卷积神经网络的恶意代码检测模型。

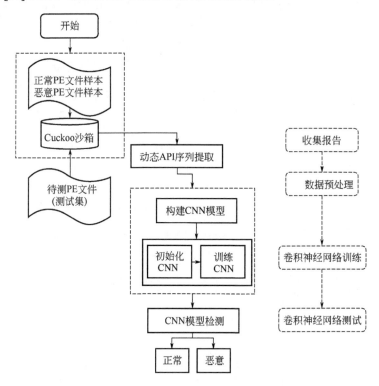

图 5.1　基于卷积神经网络的恶意代码检测模型

（1）卷积神经网络架构

由于恶意代码的可执行程序指令相当于一段文本，因此在选择建模方法时，与处理文本内容有一定的相似之处，可以使用卷积滤波器对短文本进行信息提取和高层次特征检测。图 5.2 展示了卷积神经网络的架构。卷积神经网络通常包含一个输入层、多个卷积层、多个激活层、多个池化、一个完全连接层和一个输出层，卷积层、激活层和池化层通常一起出现。

（2）词向量的生成

在生成词向量中可以使用两种方法：一种是使用 Word2vec 中的 Skip-gram 模型，另一种是使用 OneHot 编码。

Skip-gram 模型是一种无监督训练算法，用来实现词向量的分布特征表示，通过映射关系实现词与词之间的位置关系，以反映它们在语义层面的联系。在恶意代码检测的实验中，可以使用 Skip-gram 将预处理过程中提取到的 API 序列进行数值向量化。

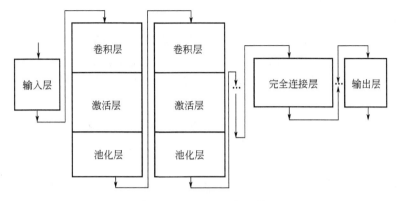

图 5.2　卷积神经网络架构

OneHot 编码使用 N 位状态寄存器对 N 个状态进行编码，每一个状态都有其独立的寄存器位，并在任意一个时刻，只有一位有效位。即只有一位是 1，其他位都是 0。使用 OneHot 编码可以将离散的特征取值扩展到欧式空间，在分类过程中，特征之间距离的计算或相似度的计算通常都是在欧式空间进行，因此，在计算距离/相似度时会更加合理。此外，OneHot 编码的作用是防止离散型数据在计算距离的时候出现不合理的情况，但是若离散数据本身就能表示出合理的距离的话，那么就没必要采用 OneHot 编码。在恶意代码检测实验中，将输入的 API 调用序列，利用 OneHot 编码进行处理，转换为数值向量。

（3）卷积层动态特征提取

卷积层是整个网络结构的最主要部分，它的重要性被怎样提及都不为过。卷积层主要有局部感知、权值共享以及多卷积核特征，前两者主要起到了降维的作用，后者为不同粒度的特征再提取提供了具体的操作。图 5.3 显示了卷积层的结构，通过合理的卷积特征提取，卷积神经网络能够很好地帮助我们区分恶意代码与正常程序之间的区别。

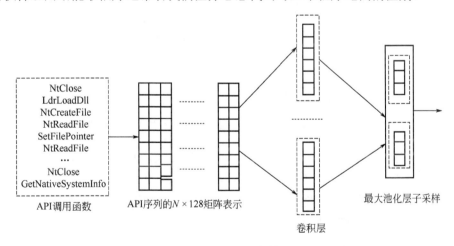

图 5.3　卷积层结构

输入矩阵的行表示离散的 API 调用函数，过滤器在矩阵上整行滑动，类似于自然语言处理中的应用。过滤器的宽度代表 API 调用函数向量的维数。利用多个卷积核对输入的样本矩阵进行卷积操作，卷积核的大小可以任意选取，这种处理方式类似于 N-Gram 算法。

（4）池化层二次特征提取

池化层也称向下采样层，其功能是以卷积层提取的特征结果作为输入，进一步地进行特征提取，进而提取得到最主要的特征。池化层主要有最大值池化（max pooling）和平均值池化（average pooling）两种，前者取每次采样中的最大值，后者取平均值。池化层的原理可表示为

$$\text{pooling}(\boldsymbol{x}_{l-1})\boldsymbol{s}_l = f(\boldsymbol{\beta}_l \cdot \text{pooling}(\boldsymbol{x}_{l-1}) + \boldsymbol{b}_l) \tag{5.1}$$

式中，$\text{pooling}(\boldsymbol{x}_{l-1})$ 是对 $l-1$ 层的特征做池化操作；$\boldsymbol{s}_l$ 是卷积层的第 l 层输出层；f 是激活函数；$\boldsymbol{\beta}_l$ 和 $\boldsymbol{b}_l$ 是特征图输出所用的偏置量。

在实验中，我们可以通过改变卷积层滤波器的大小，比较在不同滤波器的情况下，卷积神经网络恶意代码检测准确率；也可以通过不同滤波器，对两种词向量生成方式所产生结果进行对比。

5.3.2 基于 CNN-BiLSTM 的恶意代码家族检测模型

通过分析以下问题：现有恶意代码检测分类方法不足，传统的机器学习无法完整地对恶意代码的特征进行提取，无法全面地关注全局特征和局部特征，从而造成恶意代码检测准确率较低，王国栋等[13]提出一种融合卷积神经网络和长短时记忆网络的模型，对恶意代码可执行文件可视化后的数据进行训练和测试。他提出的基于 CNN-BiLSTM 的恶意代码家族检测网络架构模型如图 5.4 所示。

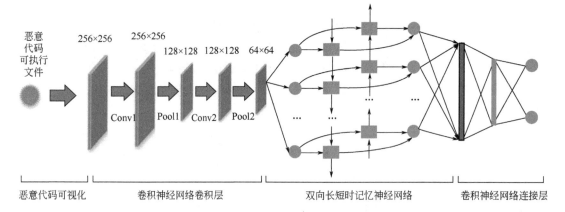

图 5.4　基于 CNN-BiLSTM 的恶意代码家族检测网络架构模型

该模型包括四个部分：恶意代码可视化、两个卷积神经网络卷积层、双向长短时记忆网络和卷积神经网络连接层。首先将恶意代码转换成二维的灰度图像，再将灰度特征图进行预处理，填充为 3 维的 256×256×1 的图像，输入神经网络模型中，最后经过全连接层得到分类的结果。该模型的参数如表 5.2 所示。

表 5.2　基于 CNN-BiLSTM 的恶意代码家族检测网络模型参数

CNN 层	输入大小	输出大小	滤波器	步长
Conv1	256×256×1	256×256×25	5×5	1
Pool1	256×256×25	128×128×25	2×2	2
Conv2	128×128×25	128×128×50	5×5	1
Pool2	128×128×50	64×64×50	2×2	2

（1）可视化

在恶意代码的可执行文件中，有很多与恶意代码特征无关联的代码或字符，如果直接对可执行文件进行特征提取，就需要对文件中的混淆代码进行处理，这在加大工作量的同时，也影响了模型检测的准确性。解决方法之一是：直接将二进制可执行文件转换成对应的灰度图。将恶意代码的二进制文件每 8 位视为一组序列，转换成 0～255 之间的数值，并组合成一个 256×256 的二维矩阵，然后将矩阵通过画图工具转换成灰度图像，例如，可以使用代码随机产生一个 256×256 的数值在 0～255 之间的矩阵，然后转换成灰度图像，如图 5.5 所示。

```
1  import numpy as np
2  import matplotlib.pyplot as plt
3  %matplotlib inline
```

```
1  arr = np.random.randint(0, 255, (256, 256))
```

```
1  plt.axis('off')
2  plt.imshow(arr, cmap='gray')
```

`<matplotlib.image.AxesImage at 0x22489961e48>`

图 5.5　灰度图像

（2）卷积层

使用卷积神经网络对转换后的恶意代码特征图形进行特征提取，并进行训练，模型使用 Sigmoid 函数作为激活函数。由于 Sigmoid 函数曲线平滑，且容易求导；和正态分布函数的积分形式形状类似，所以它常常被选为激活函数。式（5.2）为 Sigmoid 函数，式（5.3）为它的导函数。

$$S(x) = \frac{1}{1 + e^{-t}} \tag{5.2}$$

$$S'(x) = \frac{e^{-x}}{(1 + e^{-x})^2} = S(x)(1 - S(x)) \tag{5.3}$$

（3）双向长短时记忆网络

双向长短时记忆网络（bi-directional long short-term memory，BiLSTM）是一种双向的基于时间循环的神经网络，通过对正向和反向时间序列进行训练，输出数据包含了上下文的信息。BiLSTM 的提出是为了解决 LSTM 网络缺乏对上下文的联系的问题。LSTM 是为了解决循环神经网络的梯度消失和梯度爆炸问题。LSTM 的神经元结构如图 5.6 所示。其中，X_{t-1}、X_t、X_{t+1} 为模型的输入，h_{t-1}、h_t、h_{t+1} 为模型的输出。

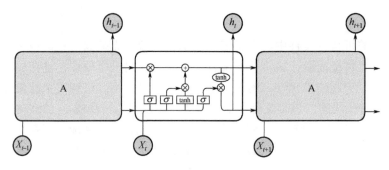

图 5.6　LSTM 神经元结构

从图 5.6 中可以看出，LSTM 神经网络只能进行单向训练和传递。然而在实际的应用中可能需要考虑输入数据的前后联系，这样模型得到的结果才会更好，这就有了双向长短时记忆网络，其神经元结构如图 5.7 所示。每个神经元会有三个输入以及三个输出，其中 X_t 为当前时刻的输入；C_{t-1} 以及 A_{t-1} 为前一个神经元的输出，也是后一个神经元的输入，都携带着前文的信息；W_b、W_f 为神经元内门函数的运算，包括遗忘门、输入门以及输出门等；O_t 为神经元的输出，在 BiLSTM 中是通过正向和反向的 LSTM 的输出结果进行简单的堆叠得到的。这样，模型就实现了考虑上下文信息。

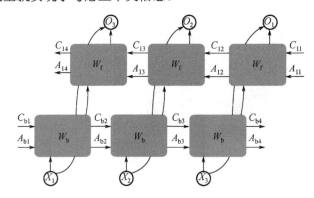

图 5.7　BiLSTM 神经元结构

（4）全连接层

模型的最后一个部分是两个全连接层。因为恶意代码的分类属于多分类问题，且不同的恶意代码之间的特征存在一定的互斥，所以使用了 Softmax 分类器进行分类。函数可表示为

$$P(i) = \frac{\exp(\boldsymbol{\theta}_i^{\mathrm{T}} \boldsymbol{x})}{\sum_{k=1}^{K} \exp(\boldsymbol{\theta}_k^{\mathrm{T}} \boldsymbol{x})} \tag{5.4}$$

式中，$\boldsymbol{\theta}_i$ 和 $\boldsymbol{x}$ 是列向量，通过 Softmax 函数可以让 $P(i)$ 的输出落在[0，1]之间。在分类问题中，通常 $\boldsymbol{\theta}$ 是待求参数，通过寻找使得 $P(i)$ 最大的 $\boldsymbol{\theta}_i$ 作为最佳的参数。

模型中使用的损失函数为交叉熵损失函数，表示为

$$F = -\sum_i q_i \lg a_i \tag{5.5}$$

式中，a_i 是模型预测为第 i 类恶意代码的置信度；q_i 表示该恶意代码样本属于哪一类。

5.3.3　基于强化学习的恶意代码检测分类模型

强化学习是机器学习的重要组成部分，在机器人控制、游戏、用户交互、交通、金融等领域都有广泛的应用。常用的强化学习算法有 Q-learning、Sarsa、DQN、Policy Gradient、A3C、DDPG、PPO 等。按环境分类可以分为离散控制场景（输出动作可数）、连续控制场景（输出动作值不可数）。本小节以文献[14]为例，介绍强化学习在恶意代码检测分类中的应用。该方法的模型融合了强化学习中 Q-learning 算法的试错机制和动作优化策略，以及深度学习中卷积神经网络算法对图像数据深层特征的挖掘，以实现对恶意代码的检测分类。

（1）恶意代码特征提取

采用对恶意代码反汇编文件进行二进制方式读取，然后转换为恶意代码的灰度图像纹理特征，根据纹理特征的相似性对恶意代码进行分类。具体的操作流程与基于 BiLSTM 和 CNN 的恶意代码家族识别模型类似。图 5.8（a）、（b）展示了不同家族恶意代码的灰度图像。

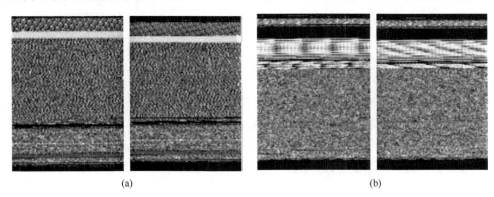

(a) (b)

图 5.8　不同家族恶意代码灰度图像

（2）建立基于 DQN 的恶意代码分类模型

DQN 是一种融合了 Q-learning 和神经网络的算法，解决了 Q-learning 在使用 Q-table 存储智能体状态和动作时，在表格中搜索状态和动作效率较低的问题。DQN 不需要存储 Q 值，而是通过神经网络生成。DQN 中最重要的技术是经验回放，经验回放使得 DQN 在更新的时候能够随机抽取之前的经历进行学习。

1）设定模型的环境和学习任务。将生成的特征灰度图像用于固件模型的虚拟环境，环境中设定不断产生恶意代码灰度图像的场景，将每张图像作为模型的一个状态（state），模型智能体需要执行的动作（action）是识别图像中的内容，达到对恶意代码图像进行分类的目的。规定智能体在正确识别图像时，将会得到 1 分的奖励（reward），反之扣除 1 分。

2）使用卷积神经网络提取恶意代码灰度图像特征。选择 ReLU 函数作为卷积层的激活函数，ReLU 函数使得部分神经元的输出为 0，减少了参数之间的依赖关系，加快了模型的训练过程。

使用 MSE（mean square error）作为损失函数，计算真实数据和模型拟合数据之间的距离，计算方法为

$$\text{MSE} = \frac{1}{n}\sum_{i=1}^{n}(y_i - y_i')^2 \tag{5.6}$$

3）计算 $Q(s, a)$，训练模型。$Q(s, a)$ 函数计算在 s 状态下做出 a 动作后获得的期望

奖励值。计算公式如下:

$$Q(s, a) = Q(s, a) + \alpha[r + \gamma \max_{a'} Q(s', a') - Q(s, a)] \tag{5.7}$$

式中,α 表示学习率;r 表示当前获得的奖励值;γ 表示奖励衰减值,该值决定对未来奖励的重视程度;$\max_{a'} Q(s', a')$ 表示下一步状态执行不同的动作所获得的期望奖励数值中的最大值。

将卷积层和池化层提取的恶意代码灰度图像的纹理特征经过全连接层,得到每个动作的 Q 值。计算流程如图 5.9 所示。

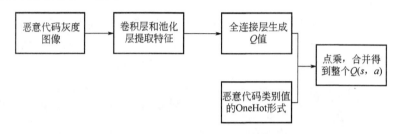

图 5.9 计算 $Q(s, a)$ 流程

根据 $Q(s, a)$ 选择执行动作,并获得相应的奖励,环境提供下一张待识别的图像,并将这次的学习经历存储在经验回放集合中;重复以上的操作直至所有图像识别完毕。

5.4 卷积神经网络在恶意代码检测中的应用

本节将使用 PyTorch 深度学习框架搭建卷积神经网络模型实现恶意代码的分类,主要内容包括数据集的介绍、数据特征的提取、卷积神经网络模型的建立、实验结果以及和其他机器学习或深度学习模型的结果比较。

5.4.1 数据集介绍

实验采用的数据集信息如下:在 2015 年由微软主办的基于机器学习的数据分析竞赛 Kaggle 机器学习挑战赛上,使用到的恶意代码分类数据集。该数据集曾用于 D. Gibert 等[15]、M. Kalash[16]、Guoqing Xiao[17]等的论文中,包含了 10868 个恶意代码,分为 9 种不同的类型,将近 200 GB 的数据。具体如表 5.3 所示。

表 5.3 恶意代码数据集

序号	恶意代码类型	类型
1	Ramnit	Worm
2	Lollipop	Adware
3	Kelihos ver3	Backdoor
4	Vendo	Trojan
5	Simda	Backdoor
6	Tracur	Trojan Downloader
7	Kelihos ver1	Backdoor
8	Obfuscator ACY	Any kind of obfuscated malware
9	Gatak	Backdoor

数据集中样本类别以及数量如图 5.10 所示。

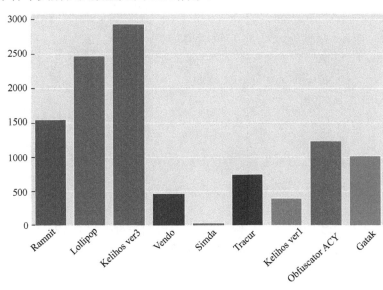

图 5.10　数据集分布

5.4.2　特征提取

在整个恶意代码分类的过程中，特征提取是其中最重要的环节之一。特征选择的好坏，直接影响了模型分类的性能。有很多不同的特征提取方法，下面介绍两种特征提取的方法：恶意代码图像、基于 N-gram 的 OpCode 特征提取，后者也是本节中将使用的特征提取方法。

1. 恶意代码图像

恶意代码图像这个概念最早是在 2011 年由美国加利福尼亚大学的 Nataraj 和 Karthikeyan在他们的论文"Malware Images：Visualization and Automatic Classification"中提出来的，其思想非常新颖，将二进制恶意代码文件转换成对应的灰度图像展现出来，通过图像中的纹理特征信息对恶意代码进行聚类。但是由于恶意代码的差异性，造成了恶意代码图像形式的不固定，可根据实际情况进行调整。

本小节介绍最简单的灰度图像画法。对一个二进制文件，每个字节范围为 00～FF，刚好对应灰度图 0～255（0 为黑色，255 为白色）。将一个二进制文件转换为一个矩阵（矩阵元素对应文件中的每一个字节，矩阵的大小可根据实际情况进行调整），该矩阵又可以非常方便地转换为一张灰度图。具体实现参考代码 5.1。

代码 5.1

```
import numpy
from PIL import Image
import binascii

def getMatrixfrom_bin(filename,width):
    with open(filename,'rb')as f:
```

```
        content = f.read()
    hexst = binascii.hexlify(content)
    (8) fh = numpy.array([int(hexst[i:i+2],16)for i in range(0,len(hexst),2)])
    (9) rn = len(fh)//width
    (10) fh = numpy.reshape(fh[:rn*width],(-1,width))
    (11) fh = numpy.uint8(fh)
    return fh

im = Image.fromarray(getMatrixfrom_bin(filename,512))
im.save("F:/mal_img/{}.jpg".format(sid))
```

代码中，第（8）行为将二进制代码转换为 16 进制字符串，第（9）行为按照字节进行分割，第（10）行是根据设定的图像宽度生成矩阵，第（11）行是将矩阵转换成灰度图像。

2. 基于 N-gram 的 OpCode 特征提取

N-gram 模型广泛应用于自然语言处理、信息查询、生物工程等领域。该模型根据一个假设，在第 n 个位置出现的词，只和第 $n-1$ 个词有关，整句出现的概率就是每个词出现的概率乘积。N-gram 的主要思想是，在给定的文本中，从文本数据的第一个字符开始，以 n 个字符的大小在文本上进行滑动，产生以长度为 n 的部分重叠且连续的短片段（gram）。采用 N-gram 模型表达文本信息，能提高文本的相似性度量的准确率。恶意代码本质上也是一种文本语言，同样具有结构和语义特征，所以 N-gram 可以作为恶意代码的特征分析和提取方法。

OpCode 是操作码的缩写。操作码是机器语言指令的一部分，选定要执行的操作。一类完整的机器语言指令包括一个或多个操作数的规范或者一个操作码。操作码的操作可以包括算术、数据操作、逻辑操作和程序控制。

本节实验中只用到了数据集中的.asm 文件，用到了.asm 文件的 OpCode N-gram 特征（本实验取 $n=3$，将总体出现频数大于 500 次的 3-gram 作为特征保留），具体细节可参考代码 5.2。

代码 5.2

```
import re
from collections import *
import os
import pandas as pd

(5) def getOpcodeSequence(filename):
    opcode_seq = []
    p = re.compile(r'\s([a-fA-F0-9]{2}\s)+\s*([a-z]+)')
    with open(filename,encoding='utf-8')as f:
        for line in f:
            if line.startswith(".text"):
```

```
                    m = re.findall(p,line)
                    if m:
                        opc = m[0][1]
                        if opc != "align":
                            opcode_seq.append(opc)
return opcode_seq

def train_opcode_lm(ops,order=4):
    lm = defaultdict(Counter)
    prefix = ["~"] * order
    prefix.extend(ops)
    data = prefix
    for i in xrange(len(data)-order):
        history,char = tuple(data[i:i+order]),data[i+order]
        lm[history][char]+=1
    def normalize(counter):
        s = float(sum(counter.values()))
        return [(c,cnt/s)for c,cnt in counter.iteritems()]
    outlm = {hist:chars for hist,chars in lm.iteritems()}
return outlm

(30) def getOpcodeNgram(ops,n=3):
    opngramlist = [tuple(ops[i:i+n])for i in range(len(ops)-n)]
    opngram = Counter(opngramlist)
return opngram

(34) basepath = "E:/train/"
map3gram = defaultdict(Counter)
(36) subtrain = pd.read_csv('trainLabels.csv')
count = 1
for sid in subtrain.Id:
    print( "counting the 3-gram of the {0} file...".format(str(count)))
    count += 1
    filename = basepath + sid + ".asm"
    ops = getOpcodeSequence(filename)
    op3gram = getOpcodeNgram(ops)
    map3gram[sid] = op3gram

cc = Counter([])
```

```
    for d in map3gram.values():
        cc += d
selectedfeatures = {}
tc = 0
for k,v in cc.items():
        (51) if v >= 500:
            (52) selectedfeatures[k] = v
            (53) print(k,v)
            (54) tc += 1
dataframelist = []
for fid,op3gram in map3gram.items():
        standard = {}
        standard["Id"] = fid
        for feature in selectedfeatures:
            if feature in op3gram:
                standard[feature] = op3gram[feature]
            else:
                standard[feature] = 0
        dataframelist.append(standard)
df = pd.DataFrame(dataframelist)
(60) df.to_csv("feature.csv",index=False)
```

代码 5.2 中,第(5)行定义的 getOpcodeSequence 函数是为了从原.asm 文件中获取 Opcode 操作码序列;第(30)行定义的 getOpcodeNgram 函数目的是根据 Opcode 序列,统计对应的 N-gram;第(34)行是数据集的路径,可根据实际情况进行更改;第(36)行为读入数据集的标签文件;第(51)~(54)行是统计总体频数大于 500 次的 N-gram,作为特征进行保留;第(66)行是将提取的特征保存为.csv 文件,用来作为后面卷积神经网络的输入。

3. 基于 OneHot 的特征编码

使用 OneHot 对恶意代码中提取到的 API 序列进行编码,对于不同的 API 序列,用不同 0,1 向量进行表示,将特征转换为可输入到模型的数学向量。OneHot 编码能够很好地处理稀疏特征的情况。

5.4.3 模型建立

1. 批量归一化

神经网络在训练过程中的每一次迭代,都会改变每一层的参数,这就导致了神经网络后面一层输入数据的分布不断发生变化,而随着深度网络的多层运算后,数据分布的变化将越来越大,为了解决这个问题,引入了批量归一化(batch normalization),在应用中发现它其实也有正则化的效果。归一化可以让数据具有 0 均值和单位方差,即对数据进行了如下变换:

$$x' = \frac{x - E(x)}{\sqrt{\text{Var}(x)}} \tag{5.8}$$

假设在训练时每次迭代的输入数据为 $X = \{x_1, x_2, \cdots, x_m\}$，以及学习参数 γ 和 β，则批量归一化算法的流程如下。

1）计算均值：

$$\mu_\beta = \frac{1}{m} \sum_{i=1}^{m} x_i \tag{5.9}$$

2）计算方差：

$$\sigma_\beta^2 = \frac{1}{m} \sum_{1}^{m} (x_i - \mu_\beta)^2 \tag{5.10}$$

3）归一化：

$$\widehat{x_i} = \frac{x_i + \mu_\beta}{\sqrt{\sigma_\beta^2 + \epsilon}} \tag{5.11}$$

4）数据缩放和平移：

$$y_i = \gamma \widehat{x_i} + \beta \tag{5.12}$$

上述训练过程，由于在测试阶段每次只对一个样本进行预测，所以没有 μ_β 和 σ_β^2。此时，可以使用训练阶段计算出来的均值和方差。具体做法是，用训练时每次迭代计算出来的均值作为测试时的均值，而方差是每次迭代方差的无偏估计。

批量归一化具有以下优点：

1）避免梯度消失和梯度爆炸，加快训练速度。把越来越偏的分布强制拉回比较标准的分布，这样使得激活输入值落在非线性函数对输入比较敏感的区域，这样输入的小变化就会导致损失函数较大的变化，可以让梯度变大，避免梯度消失问题产生，而且梯度变大意味着学习收敛速度快，能大大加快训练速度。

2）提高模型泛化能力。因为批量标准化不是应用在整个数据集，而是在小批量（mini-batch）上，会产生一些噪声，可以提高模型泛化能力。

2. 损失函数

模型中使用的损失函数为交叉熵。交叉熵主要用来判定实际输出和期望输出两者之间的接近程度，刻画的是实际输出概率和期望输出概率的距离，即交叉熵越小，两个概率分布就越接近，其计算公式如下：

$$H(p, q) = -\sum_x (p(x) \lg q(x) + (1 - p(x)) \lg(1 - q(x))) \tag{5.13}$$

式中，p 为期望输出；q 为实际输出；$H(p, q)$ 为交叉熵。

基于 CNN 和 Batch Normalization 的归一化模型结构如图 5.11 所示。

基于 N-gram 的卷积神经网络由多个卷积层和池化层堆叠而成，本次实现所用到的恶意代码分类模型由两个卷积层、两个池化层以及两个全连接层组成。卷积层在保持输入大小不变的情况下，提取数据中的特征；池化层起到了特征二次提取的作用；全连接层主要是为了实现最后的分类。详细的参数如表 5.4 所示。

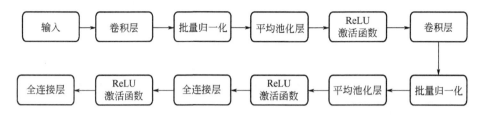

图 5.11　CNN_BN 模型结构

表 5.4　卷积神经网络模型参数

层数	类型	卷积核	填充/步长
L1	Conv	5×5	2，1
L2	Batch Normalization		
L3	Avgpooling	2×2	0，1
L4	Conv	3×3	0，1
L5	Batch Normalization		
L6	Avgpooling	2×2	0，1
L7	Fully Connected		
L8	Fully Connected		

具体实现参考代码 5.3。

代码 5.3

```
class CnnNet(nn.Module):
    def __init__(self):
        super(CnnNet,self).__init__()

        #通过卷积提取特征
        (5) self.feature = nn.Sequential(nn.Conv2d(in_channels = 1,out_channels = 10,kernel_size =
(6) 5,padding = 2),
                                (7) nn.BatchNorm2d(10),
                                (8) nn.AvgPool2d(kernel_size=2,stride=1),
                                (9) nn.ReLU(),
                                (10) nn.Conv2d(10,20,3,1),
                                (11) nn.BatchNorm2d(20),
                                (12) nn.AvgPool2d(kernel_size=2,stride=1),
                                (13) nn.ReLU(),
                                (14) )
        (15)    #分类
        (16) self.classifier = nn.Sequential(nn.Linear(65400,500),
        (17) nn.ReLU(),
        (18) nn.Linear(500,9))
```

```
def forward(self,x):
    o = self.feature(x)
    o = o.view(x.shape[0],-1)
    o = self.classifier(o)
    return o
```

代码中，第（5）～（14）行通过卷积层和池化层实现特征的提取；第（16）～（18）行通过两个全连接层实现恶意代码的分类。nn.Sequential 是一个有序的容器，神经网络模块按照传入构造器的顺序依次被添加到计算图中执行，同时以神经网络模块为元素的有序字典也可以作为传入参数，可用于快速地搭建一个神经网络模型。

5.4.4　实验结果

实验采用表 5.3 提供的数据集，在实验过程中，将 10868 个样本的 80%作为训练集，20%作为测试集。具体如表 5.5 所示。表 5.5 展示了恶意代码的样本总数，以及在训练集和测试集上的样本数。

表 5.5　恶意代码数据集

恶意代码类别	样本总数	训练集样本数	测试集样本数
Ramnit	1541	1228	313
Lollipop	2478	1983	495
Kelihos ver3	2942	2336	606
Vendo	475	387	88
Simda	42	33	9
Tracur	751	595	156
Kelihos ver1	398	328	70
Obfuscator ACY	1228	995	233
Gatak	1013	809	204

对预测结果进行评价的指标主要包括 Accuracy（准确率）、Precision（精确率）、Recall（召回率）、F1_score 以及 ROC 曲线。

Macro_F1_score 是 F1_score 的宏观平均分,定义为各类别 F1_score 成绩的算术平均值,即对各类别的准确性进行全面、平等的考虑。它能很好地反映模型对所有类的分类性能,其计算公式为

$$\text{Macro\_F1\_score} = \frac{1}{n}\sum_{i=1}^{n}\text{F1\_score} \tag{5.14}$$

图 5.12 展示了模型在训练集和测试集上的损失值曲线和准确率曲线。横坐标 Epoch 表示迭代的次数，纵坐标 Loss 和 Accuracy 分别表示模型的损失值和准确率，损失值越小和准确率越大，表示模型的性能越好。从图 5.12 中可以看出，在训练 30 次迭代的情况下，模型已经基本收敛，训练集和测试集的准确率均已接近 100%，是一个很大的准确率值；相同情况下，模型的损失也是达到了 0.1 以下。整体上讲，模型的分类效果较好。

115

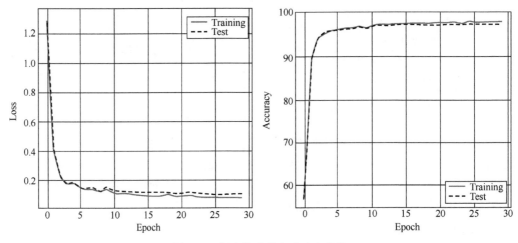

图 5.12　损失值曲线和准确率曲线

图 5.13 展示了基于 CNN 和 Batch Normalization 模型的对于恶意代码进行分类得到的 ROC 曲线,ROC 曲线与 x 轴形成的面积为 0.96,接近 1,再次证明 CNN 和 Batch Normalization 模型的性能较好。

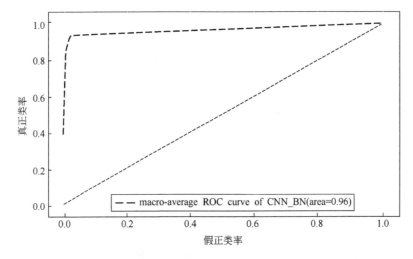

图 5.13　基于 CNN 和 Batch Normalization 模型的 ROC 曲线

表 5.6 给出了测试集上 9 个分类的 Precision、Recall 和 F1_score 值。从表 5.6 可以得出,除了恶意代码 Simda 和 Tracur 的分类结果较差,其他恶意代码都得到了较好的分类结果,有的接近 1。主要是因为 Simda 和 Tracur 的样本数较少,深度学习在处理大数据时效果更好,能更好地学习数据的特征。

表 5.6　各分类的 Precision、Recall 和 F1_score

恶意代码类别	Precision/%	Recall/%	F1_score/%
Ramnit	97.24	96.36	96.8
Lollipop	99.38	99.38	99.38
Kelihos ver3	100.0	99.83	99.9
Vendo	98.55	89.47	93.79

续表

恶意代码类别	Precision/%	Recall/%	F1_score/%
Simda	100.0	63.63	77.77
Tracur	77.45	98.52	86.73
Kelihos ver1	100.0	100.0	100.0
Obfuscator ACY	97.88	90.23	93.90
Gatak	100.0	99.02	99.51

图 5.14 展示了 CNN 和 Batch Normalization 模型在测试集上分类结果的混淆矩阵（Confusion matrix）。混淆矩阵中的横坐标（Predicted label）表示神经网络预测分类；纵坐标（True label）表示真实的分类；对角线上的数字表示预测分类与真实分类相同的数量，即表示神经网络分类正确的数量；对角线之外的数字表示预测分类与正式类别不一致的数量，即神经网络分类不正确的数量。例如，对于 Ramnit 数据集，正确分类的个数是 307 个，错误分类的个数是 3 个；对于 Lollipop 数据集，正确分类的个数是 493，错误分类的个数是 0。

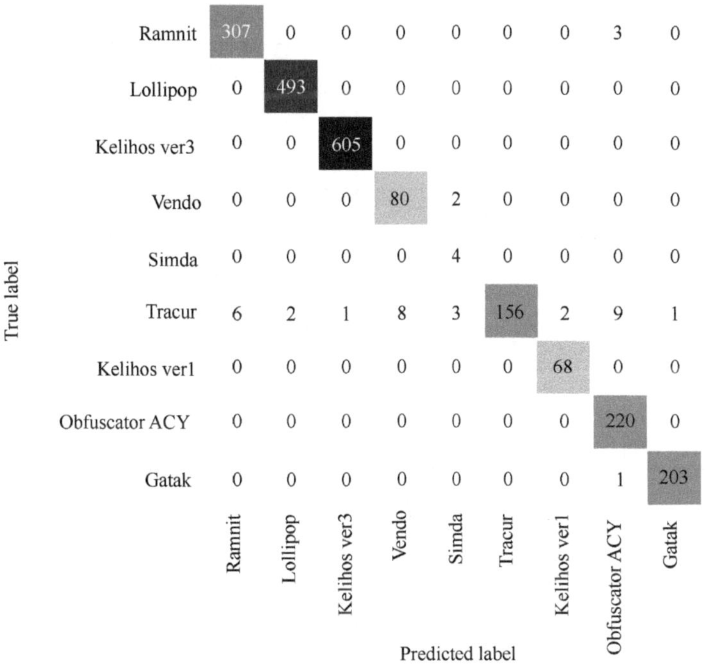

图 5.14　混淆矩阵

5.4.5　比较试验

为了验证 CNN 和 Batch Normalization（CNN_BN）模型的性能，我们将 CNN_BN 的实验结果与传统机器学习模型的支持向量机、循环神经网络模型中的 GRU 模型（gated recurrent unit）、无正则化算法的卷积神经网络的结果进行比较。

表 5.7 展示了各机器学习模型在测试集上的性能，Accuracy、Precision、Recall、F1_score 4 个值越大，模型性能越好。从表 5.7 中可以看出，传统的机器学习模型 SVM 的性能并没

有深度学习模型的性能好。此外，循环神经网络的整体性能并没有卷积神经网络的性能好，CNN_BN 模型在恶意代码检测中的性能最优。

表 5.7　各模型的性能

模型	Accuracy	Precision	Recall	F1_score
SVM	0.89	0.93	0.75	0.78
RNN_GRU	0.95	0.86	0.85	0.85
CNN	0.98	**0.97**	0.92	0.93
CNN_BN	**0.98**	0.96	**0.94**	**0.95**

表 5.8～表 5.11 分别为模型 CNN_BN、CNN、GRU 和 SVM 在恶意代码 9 个类别上的表现性能。表中也给出了各分类结果的平均值，从平均值可以看出，CNN 模型的 Precision 最高，CNN_BN 模型的 Recall 和 F1_score 最高，因此，总体来看，CNN_BN 模型的性能最好。

表 5.8　CNN_BN 在 9 个类别上的表现性能

恶意代码类别	Precision	Recall	F1_score
Ramnit	0.98	0.98	0.98
Lollipop	1.00	1.00	1.00
Kelihos ver3	1.00	1.00	1.00
Vendo	0.99	0.91	0.95
Simda	0.80	0.67	0.73
Tracur	0.85	1.00	0.92
Kelihos ver1	1.00	1.00	1.00
Obfuscator ACY	0.98	0.93	0.96
Gatak	1.00	0.99	1.00
平均值	0.96	**0.94**	**0.95**

表 5.9　CNN 在 9 个类别上的表现性能

恶意代码类别	Precision	Recall	F1_score
Ramnit	0.97	0.96	0.97
Lollipop	0.99	1.00	0.99
Kelihos ver3	1.00	1.00	1.00
Vendo	0.99	0.90	0.94
Simda	1.00	0.50	0.67
Tracur	0.83	0.99	0.90
Kelihos ver1	1.00	0.99	0.99
Obfuscator ACY	0.98	0.92	0.95
Gatak	0.98	0.99	0.99
平均值	**0.97**	0.92	0.93

表 5.10　GRU 在 9 个类别上的表现性能

恶意代码类别	Precision	Recall	F1_score
Ramnit	0.97	0.99	0.98
Lollipop	1.00	1.00	1.00
Kelihos ver3	1.00	1.00	1.00
Vendo	0.97	0.81	0.89
Simda	0.00	0.00	0.00
Tracur	0.77	0.99	0.86
Kelihos ver1	1.00	0.97	0.99
Obfuscator ACY	1.00	0.91	0.95
Gatak	1.00	0.99	0.99
平均值	0.86	0.85	0.85

表 5.11　SVM 在 9 个类别上的表现性能

恶意代码类别	Precision	Recall	F1_score
Ramnit	0.97	0.96	0.97
Lollipop	1.00	0.98	0.99
Kelihos ver3	1.00	1.00	1.00
Vendo	1.00	0.48	0.65
Simda	1.00	0.64	0.78
Tracur	0.94	0.11	0.20
Kelihos ver1	1.00	0.65	0.79
Obfuscator ACY	0.49	0.98	0.65
Gatak	0.99	0.98	0.99
平均值	0.93	0.75	0.78

　　为了更直观地显示神经网络在恶意代码分类中的性能，图 5.15 展示了 3 种神经网络模型 CNN_BN、CNN、GRU 在训练集和测试集上的损失值曲线和准确率曲线，其中（a）、（b）分别展示了 3 种神经网络在训练集上的损失值曲线和准确率曲线，（c）、（d）分别展示了在测试集上的损失值曲线和准确率曲线。损失值越小，模型的分类性能越好，准确率越高，模型的分类性能越好。从图 5.15 中可以看出，CNN_BN 模型的性能最好。

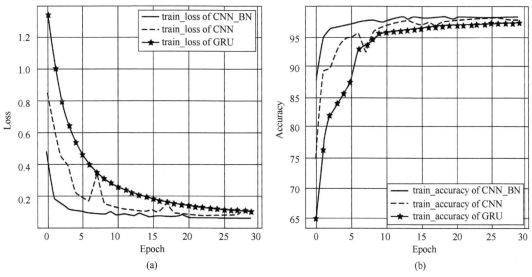

图 5.15　3 种神经网络在训练集和测试集上的损失值曲线和准确率曲线

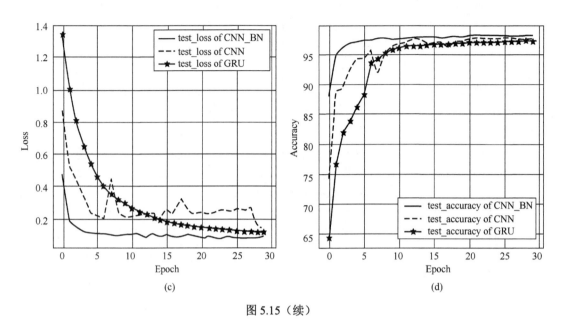

(c)   (d)

图 5.15（续）

图 5.16 为 4 种模型的 ROC 曲线，ROC 曲线与 x 轴形成的面积越大，表示模型的性能越好。

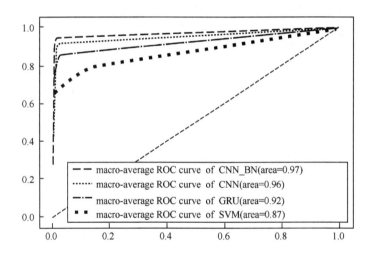

图 5.16   4 种模型的 ROC 曲线

图 5.17 给出了 4 种模型在 9 类恶意代码检测分类结果中的混淆矩阵，混淆矩阵中的行坐标表示神经网络预测分类，列坐标表示真实的分类，对角线上的数字表示预测分类与真实分类相同的数量，即表示神经网络分类正确的数量，对角线之外的数字表示预测分类与正式类别不一致的数量，即神经网络分类不正确的数量。从混淆矩阵的结果可以得出，CNN_BN 算法的性能最优。

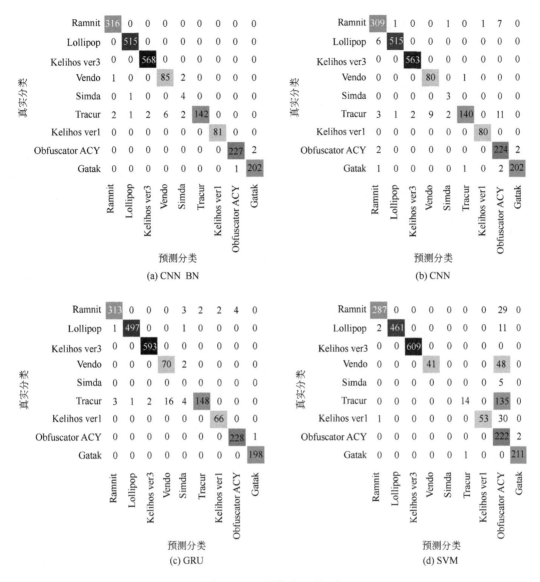

图 5.17　4 种模型混淆矩阵

5.5　图神经网络在恶意代码检测中的应用

本节将介绍当前深度学习的研究热点——图神经网络，包括使用较为广泛的图卷积网络（GCN）、图注意力网络（GAT）等，并使用图神经网络实现恶意代码的检测分类。

5.5.1　图神经网络

图（graph）是一个具有广泛含义的对象。在数学中，图是图论的主要研究对象；在计算机工程领域，图是一种常见的数据结构；在数据科学中，图被广泛描述各类关系型数据。许多图学习的理论都专注于图数据相关的任务上[18]。

近年来，由于图数据的普遍存在性，研究人员开始关注如何在图上构造深度学习模型。2005 年，Macro Gori 等发表论文[19]，首次提出图神经网络的概念。在这之前，处理图数据的方法是在数据的预处理阶段将图转换为一组向量表示。这种处理方法的缺陷在于图中的结构信息可能会丢失，并且得到的结果将会严重依赖于图的预处理方法。随后，其在 2009 年的两篇论文[20-21]中又进一步讲述了图神经网络，并提出了一种监督学习的方法来训练 GNN。2012 年卷积神经网络在 ImageNet 中大放异彩，并且在视觉领域取得了较大的成果，于是人们开始思考如何将卷积应用到图神经网络中去。2013 年 Bruna 等[22]首次将卷积引入图神经网络中，基于频域卷积操作的概念开发了一种图卷积模型，首次将可学习的卷积操作应用于图数据上。2017 年，由于图卷积网络只能应用于转导（transductive）任务，无法完成动态图处理（inductive）。且由于傅里叶变换推导的局限性，难以处理有向图，因此 Yan P 等[23]提出了图注意力网络，Hamilton W 等[24]提出了 GraphSAGE 框架，将 GCN 进行了扩展。接下来介绍两种常见的图神经网络模型。

1. 图卷积神经网络

图卷积神经网络，顾名思义，就是在图上使用卷积运算。对于这个问题，可以利用图上的傅里叶变换，再使用卷积定理，这样就可以通过两个傅里叶变换的乘积来表示这个卷积操作。

傅里叶变换可由傅里叶级数推导而来，公式的推导不是本节的重点，故这里不做具体的推导，直接写出傅里叶变换公式：

$$F(\omega) = \int_{-\infty}^{+\infty} f(x)\mathrm{e}^{-\mathrm{i}\omega x}\mathrm{d}x \tag{5.15}$$

接下来将傅里叶变换推广到图结构中去，传统对 f 作傅里叶变换的方法是

$$\hat{f}(\varepsilon) := \left\langle f,\ \mathrm{e}^{2\pi\mathrm{i}\varepsilon t}\right\rangle = \int_R f(t)\mathrm{e}^{-2\pi\mathrm{i}\varepsilon t}\mathrm{d}t \tag{5.16}$$

传统的傅里叶变换本质上求的是与正交基的内积（比如基 $\mathrm{e}^{2\pi\mathrm{i}\varepsilon t}$）上的系数，而推广到图上的正交基很显然就是 Laplace 矩阵的特征向量，于是对于图向量的傅里叶变换就可以表达为

$$\hat{f}(\lambda_l) := \left\langle f,\ \mathbf{u}_l\right\rangle = \sum_{i=1}^{N} f(i)u_l^*(i) \tag{5.17}$$

式中，f 是 Graph 上的 N 维向量；$f(i)$ 与 Graph 的顶点一一对应；$u_l(i)$ 表示第 l 个特征向量的第 i 个分量。那么特征值（频率）λ_l 下 f 的 Graph 傅里叶变换就是与 λ_l 对应的特征向量 $\mathbf{u}_l$ 进行内积运算。

最后，得到这样的近似卷积公式：

$$\mathbf{Z} = \tilde{\mathbf{D}}^{-\frac{1}{2}}\tilde{\mathbf{A}}\tilde{\mathbf{D}}^{-\frac{1}{2}}\mathbf{X} \tag{5.18}$$

式中，$\tilde{\mathbf{A}} = \mathbf{A} + \mathbf{I}_N$，其中，$\mathbf{A}$ 为邻接矩阵，表示任意两个顶点间的邻接关系；$\tilde{\mathbf{D}} = \sum_j \tilde{\mathbf{A}}_{ij}$；$\mathbf{X}$ 为输入。

在神经网络训练时公式可表达为

$$H^{(l+1)} = \sigma\left(\tilde{\mathbf{D}}^{-\frac{1}{2}}\tilde{\mathbf{A}}\tilde{\mathbf{D}}^{-\frac{1}{2}}H^{(l)}\mathbf{W}^{(l)}\right) \tag{5.19}$$

式中，$\sigma(\ )$ 为激活函数；$\mathbf{W}$ 为权重矩阵。

2. 图注意力网络

图注意力网络通过注意力机制（attention mechanism）来对邻居节点做聚合操作，实现对不同邻居权重的自适应分配，从而大幅提高图神经网络模型的表达能力。

模型 GAT 通过聚合图注意力层（graph attention laycr，GAL）实现，正式的定义如下：

输入节点特征的集合 $h = \{h_1, h_2, \cdots, h_N\}$，$h_i \in \mathbb{R}^F$，其中 N 是节点的数量，F 是每个节点的特征数量，输出是一个新的节点特征集合 $h' = \{h'_1, h'_2, \cdots, h'_N\}$，$h'_i \in \mathbb{R}^{F'}$。为了计算每个邻居节点的权重，通过 $F \times F$ 的共享权重矩阵 W 应用于每个节点，然后可以计算出权重系数：

$$e_{ij} = a(Wh_i, \ Wh_j) \tag{5.20}$$

这个系数可以表示节点 j 相对于节点 i 的重要性。这里只计算节点 i 的邻居节点，这个称作 masked attention。接着就是归一化权重系数：

$$\alpha_{ij} = \ \text{softmax}_j(e_{ij}) = \frac{\exp(e_{ij})}{\sum\limits_{j \in \mathcal{N}_i} \exp(e_{ij})} \tag{5.21}$$

进一步细化公式，a 为 $F \times F$，使用 Leaky ReLU（$a = 0.2$）：

$$\alpha_{ij} = \frac{\exp(\text{Leaky ReLU}(a^{\mathrm{T}}[Wh_i \| Wh_j]))}{\sum\limits_{j \in \mathcal{N}_i} \exp(\text{Leaky ReLU}(a^{\mathrm{T}}[Wh_i \| Wh_j]))} \tag{5.22}$$

这样即可得到节点 i 的表示：

$$h'_j = \ \sigma\left(\sum\limits_{j \in \mathcal{N}_i} \alpha_{ij} Wh_j\right) \tag{5.23}$$

为了进一步提升注意力层的表达能力，可以加入多头注意力机制，进一步调整公式为

$$h'_j = \Big\|_{k=1}^{K} \ \sigma\left(\sum\limits_{j \in \mathcal{N}_i} \alpha_{ij}^k W^k h_j\right) \tag{5.24}$$

模型的直观表示如图 5.18 所示。

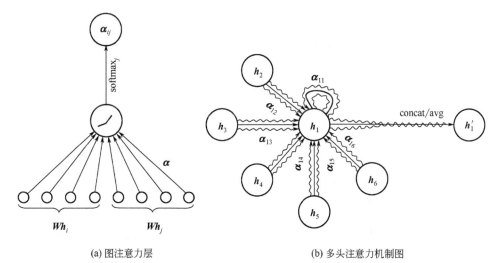

(a) 图注意力层　　　　　　　　　　　(b) 多头注意力机制图

图 5.18　图注意力网络

5.5.2　模型建立

本小节将使用高斯滤波器实现一个非常基本的图神经网络，目标是实现恶意代码的分类。

这里将继续使用微软 Kaggle 的恶意代码数据集。使用 N-gram 提取特征后，将特征转换成矩阵的形式，如此，矩阵的行数与列数将分别代表一张图的高和宽，其中矩阵中的每个元素代表了一个节点。

元素的邻接矩阵基本由它们的邻域元素决定。使用高斯滤波器，基于欧氏距离将矩阵中的元素进行连接。使用这样的邻接矩阵，可以对输出进行计算：

$$X^{(l+1)} = AX^{(l)}W^{(l)} \tag{5.25}$$

式中，A 是邻接矩阵；W 是权重矩阵。具体可参考 Boris Knyazev 的例子，https://medium.com/@BorisAKnyazev/tutorial-on-graph-neural-networks-for-computer-vision-and-beyond-part-1-3d9fada3b80d.

计算邻接矩阵的代码参考代码 5.4。

代码 5.4

```
def precompute_adjacency_matrix(w,h):
    col,row = np.meshgrid(np.arange(w),np.arange(h))

    # N = w * h
    # construct 2D coordinate array(shape N x 2)
    coord = np.stack((col,row),axis = 2).reshape(-1,2)

    #compute pairwise distance matrix(N x N)
    dist = cdist(coord,coord,metric = 'euclidean')

    # Apply Gaussian filter
    sigma = 0.05 * np.pi
    A = np.exp(- dist / sigma ** 2)
    A = torch.from_numpy(A).float()
    # Normalization as per(Kipf & Welling,ICLR 2017)
    D = A.sum(1) # nodes degree(N,)
    D_hat =(D + 1e-5)**(-0.5)
    A_hat = D_hat.view(-1,1)* A * D_hat.view(1,-1) # N,N

    return A_hat
```

图神经网络模型的定义参考代码 5.5。

代码 5.5

```
class GraphNet(nn.Module):
    def __init__(self,h,w,num_classes = 9):
        super(GraphNet,self).__init__()
        n_rows = h * w
        self.fc = nn.Linear(n_rows,num_classes,bias = False)
```

```
A = precompute_adjacency_matrix(w,h)
self.register_buffer('A',A)


def forward(self,x):

    B = x.size(0) # Batch_size

    # Reshape Adjacency Matrix
    # [N,N] Adj. matrix -> [1,N,N] Adj tensor where N = HxW
    A_tensor = self.A.unsqueeze(0)
    # [1,N,N] Adj tensor -> [B,N,N] tensor
    A_tensor = self.A.expand(B,-1,-1)

    ### Reshape inputs
    # [B,C,H,W] => [B,H*W,1]
    x_reshape = x.view(B,-1,1)

    # bmm = batch matrix product to sum the neighbor features
    # Input:[B,N,N] x [B,N,1]
    # Output:[B,N]
    avg_neighbor_features =(torch.bmm(A_tensor,x_reshape).view(B,-1))

    logits = self.fc(avg_neighbor_features)
    probas = F.softmax(logits,dim=1)
    return logits,probas
```

5.5.3　实验结果

在训练集和测试集上的准确率如图 5.19 所示。

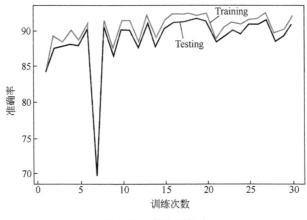

图 5.19　准确率曲线

从图 5.19 中可以看出，基于上述的图神经网络模型的恶意代码的检测准确率接近 90%，总体的表现性能还是不错的，但也存在改进的空间，可以使用其他的图神经网络模型进行实验。

模型的 ROC 曲线如图 5.20 所示。

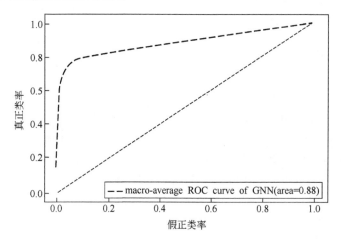

图 5.20　ROC 曲线

模型的混淆矩阵如图 5.21 所示。

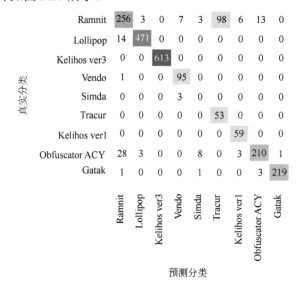

图 5.21　混淆矩阵

本章小结

本章从恶意代码概述、恶意代码的常用检测手段开始，逐步将深度学习引入恶意代码的检测当中，包括常见的深度学习模型，如卷积神经网络、循环神经网络和强化学习等；并使用当前热门的深度学习框架 PyTorch 搭建深度学习模型，实现恶意代码的分类。

最后讲解了图神经网络，介绍了当前常见的两种图神经网络模型：图卷积网络和图注意力网络。

参考文献

[1] GIBERT D，MATEU C，PLANES J. The rise of machine learning for detection and classification of malware：research developments，trends and challenges [J]. Journal of Network and Computer Applications，2020，153：1-22.

[2] 国家计算机网络应急技术处理协调中心. 2014 年中国互联网网络安全报告[M]. 北京：人民邮电出版社，2015.

[3] 叶子，李若凡. 基于 Android 的手机恶意代码检测与防护技术 [J]. 电子科技，2019，32（6）：54-57.

[4] 刘功申，孟魁，王轶骏，等. 计算机病毒与恶意代码：原理、技术与防范[M]. 4 版. 北京：清华大学出版社，2019.

[5] 徐国天，沈耀童. 基于 XGBoost 与 Stacking 融合模型的恶意程序多分类检测方法[J].信息网络安全，2021，21（6）：52-62.

[6] MUHAMMAD A，TAMLEEK A T，MOHAMMAD T，et al. Static malware detection and attribution in android byte-code through an end-to-end deep system [J]. Future Generation Computer Systems，2020，102：112-126.

[7] YU B C，SONG P S，XU X Y. An android malware static detection scheme based on cloud security structure [J]. International Journal of Security and Networks，2018，13（1）：51-57.

[8] 李旭华. 计算机病毒[M]. 重庆：重庆大学出版社，2002.

[9] 李涛. 网络安全中的数据挖掘技术[M]. 北京：清华大学出版社，2016.

[10] 傅依娴，芦天亮，马泽良. 基于 One-Hot 的 CNN 恶意代码检测技术[J].计算机应用与软件，2020，36（1）：304-308，333.

[11] 杨吉云，范佳文，周洁，等. 一种基于系统行为序列特征的 Android 恶意代码检测方法[J]. 重庆大学学报，2020，43（9）：54-63.

[12] 雷天翔，万良，于淼，等. BiLSTM 在 JavaScript 恶意代码检测中的应用[J]. 计算机系统应用，2021，30（8）：266-273.

[13] 王国栋，芦天亮，尹浩然，等. 基于 CNN-BiLSTM 的恶意代码家族检测技术[J].计算机工程与应用，2020，56（24）：72-77.

[14] 贾立鹏，王凤英，姜倩玉.基于 DQN 的恶意代码检测研究[J]. 网络安全技术与应用，2020（6）：56-60.

[15] GIBERT D，MATEU C，PLANES J，et al. Classification of malware by using structural entropy on convolutional neural networks [C]// Proceedings of the Thirty-Second AAAI Conference on Artificial Intelligence（AAAI-18），the 30th Innovative Applications of Artificial Intelligence（IAAI-18），and the 8th AAAI Symposium on Educational Advances in Artificial Intelligence（EAAI-18）. New Orleans：IEEE，2018：7759-7764.

[16] KALASH M，ROCHAN M，MOHAMMED N，et al. Malware classification with deep convolutional neural networks [C] // 2018 9th IFIP International Conference on New Technologies，Mobility and Security（NTMS）. Paris：IEEE，2016：1-5.

[17] XIAO G Q，LI J N，CHEN Y D，et al. MalFCS：An effective malware classification framework with automated feature extraction based on deep convolutional neural networks [J]. Journal of Parallel and Distributed Computing，2020，141（4）：49-58.

[18] 刘忠雨，李彦霖，周洋. 深入浅出图神经网络：GNN 原理解析 [M]. 北京：机械工业出版社，2020.

[19] GORI M，MONFARDINI G，SCARSELLI F. A new model for learning in graph domains [C]// IEEE International Joint Conference on Neural Networks. Canada：IEEE，2005，2：729-734.

[20] MICHELI A. Neural network for graphs：a contextual constructive approach [J]. IEEE Transactions on Neural Networks，

2009，20（3）：498-511.

[21] FRANCO S，MARCO G，TSOI A C，et al. The graph neural network model [J]. IEEE Transactions on Neural Networks，2009，20（1）：61-80.

[22] LU Y，CHEN Y R，ZHAO D B，et al. MGRL：Graph neural network based inference in a Markov network with reinforcement learning for visual navigation [J]. Neurocomputing，2021（421）：140-150.

[23] YAN P，LI L J ZENG D. Quantum probability-inspired graph attention network for modeling complex text interaction [J]. Knowledge-Based Systems，2021（234）：107557.

[24] HAMILTON W，YING Z，LESKOVEC J. Inductive representation learning on large graphs[C]//Advances in Neural Information Processing Systems. Los Angeles：NIPS foundation，2017：1024-1034.